U0378812

怖くて眠れなくなる天文学

可怕得
让人睡不着的
天文

[日] 县秀彦 著

曾广明 译

北京时代华文书局

图书在版编目（CIP）数据

可怕得让人睡不着的天文 /（日）县秀彦著；曾广明译 . — 北京：北京时代华文书局，2021.7（2024.5 重印）

ISBN 978-7-5699-4212-5

Ⅰ . ①可… Ⅱ . ①县… ②曾… Ⅲ . ①天文学－普及读物 Ⅳ . ① P1-49

中国版本图书馆 CIP 数据核字（2021）第 104588 号

北京市版权局著作权合同登记号 图字：01-2020-5151

KOWAKUTE NEMURENAKUNARU TEMMONGAKU

Copyright © 2020 by Hidehiko AGATA

All rights reserved.

First original Japanese edition published by PHP Institude,Inc.,Japan.

Simplified Chinese translation rights arranged with PHP Institute,Inc.

Through Bardon Chinese Agency Limited

可 怕 得 让 人 睡 不 着 的 天 文

KEPA DE RANGREN SHUIBUZHAO DE TIANWEN

作　　者 |［日］县秀彦
译　　者 | 曾广明

出 版 人 | 陈　涛
选题策划 | 高　磊　邢　楠
责任编辑 | 邢　楠
责任校对 | 凤宝莲
装帧设计 | 程　慧　段文辉　贾静洁
责任印制 | 訾　敬

出版发行 | 北京时代华文书局 http://www.bjsdsj.com.cn
　　　　　北京市东城区安定门外大街 138 号皇城国际大厦 A 座 8 层
　　　　　邮编：100011　电话：010-64263661　64261528
印　　刷 | 河北京平诚乾印刷有限公司　010-60247905
　　　　　（如发现印装质量问题，请与印刷厂联系调换）

开　　本 | 880 mm × 1230 mm　1/32　印　张 | 6　字　数 | 110 千字
版　　次 | 2021 年 8 月第 1 版　印　次 | 2024 年 5 月第 7 次印刷
书　　号 | ISBN 978-7-5699-4212-5
定　　价 | 42.80 元

自序

很久以前，一直生活在树上的猿猴不知为何开始行走于非洲大地。这是发生在约700万年前的事。双足行走使猿类后来获得了惊异的身体性能。没错，这种身体性能就是脑部发育。得到竖直脊髓的支撑后，猿类脑部逐渐发育进化。更多的可双足行走的类人猿不断出现，后又走向灭绝。最终，智人，即人类的早期祖先，生存繁衍了下来。这是距今约20万年前的事。虽然目前人类具备心智的时间还不明确，但人类对天空的关心却似乎伴随着心智的启蒙而产生。接连被发现的原始人洞窟壁画，就有力地印证了这一点。这些壁画不仅描绘了原始人集体狩猎的场景以及动物的姿态，还描绘了日月星辰。

为什么人类对天空，即宇宙，抱有如此大的兴趣呢？缘由有很多，其中之一就是"恐惧"。人类面对天空产生恐惧与敬畏之心，是有因可循的。比如，突然出现的火流星（火球）、一闪而过的拖着长尾巴的彗星和异常明亮的超新星，以及朗朗晴空之下裹挟着黑夜毫无征兆地袭来又退去的日全食。这些异象使原始人及古代人预感天地异变，催生了他们内心的恐惧。尽管发生的概率极低，但也不排除原始人曾遭遇过陨石坠落的可能。包括6600万年前的恐龙灭绝在内，对于经历过生物大灭绝的地球生命来说，对天降之物的恐惧心理与防御本能，可以说是刻进了DNA里。科幻电影《2001：太空漫游》（*2001: A Space Odyssey*）是一部由著名导演斯坦利·库布里克执导，根据科幻小说家亚瑟·克拉克小说改编的不朽巨作。虽然影片中99%以上的镜头都难以在现实生活中出现，但从中还是可以真切感受到人类对来自宇宙的黑色方碑的恐惧。在地球上生存的20万年间，人类曾遭遇过超级耀斑和γ射线（伽马射线）暴（详见内文）。除此之外，出现在地球大气中的现象，比如极光、雷暴、飓风、台风以及阳光强烈直射和干旱等，对原始人类来说也都是无法预测的来自天空的异变，这些异变更加剧了人类对天空的"恐惧"。

因此，从古代开始，在人类认知看来，天空和宇宙有时令人害怕到难以入眠。这种恐惧心理后来发展为对自然的敬畏，并衍生出对神的存在的确信。当今世界，有很多人信奉各式各样的宗教。任想象力天马行空，认为人死后会被召唤至天国或极乐世界。宇宙究竟有着什么魔力，使人类会有如此想象呢？站在唯物论和现代科学的立场上否定死后的世界，似乎易如反掌，但要想让所有现代人类都理解并否定宗教和死后世界，却几无可能。因为每个人的内心世界自由而不可侵犯。

话虽如此，本书还是希望站在科学的立场上，让每位读者都能充分接触天文学这门上古学问，探索"恐惧"背后的科学真相。

目录

Part 1　来自身边宇宙的恐怖：
危险的太阳系

Part 2

宇宙充满危险：
来自恒星和银河星系的恐怖

Part 3

宇宙的未来并不光明：
宇宙论的可怕世界

Part 1

来自身边宇宙的恐怖：
危险的太阳系

陨石每晚降临

火流星骚动与陨石的恐怖

你见过流星吗？每年8月中旬和12月中旬，英仙座流星雨和双子座流星雨都会分别抢占各大媒体和网络的头条话题。不少人也会回忆起1998年至2001年间，每逢11月就会大量出现的狮子座流星雨。现在，仅国际天文学联合会（IAU）认定的流星群就多达112个。流星雨一般发生在彗星释放出的大量尘粒在几乎相同轨道上扩散，而地球正好经过之时。但是，也并非仅仅在此时才能观测到流星。当你在月明星稀、光害[1]微弱的理想晴朗夜空下仰望星空时，不管哪一天，都能在一小时内观测到10颗以上流星划过天际。

---

[1] 人类过度使用照明系统产生的光污染。

◆英仙座流星雨

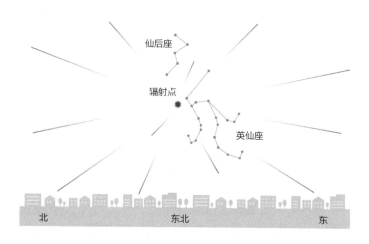

◆双子座流星雨

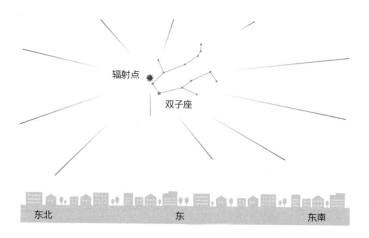

大气层外细小的尘粒或较大的固体物质飞向地球时，撞击位于地表上空80千米至120千米高度的大气层，在摩擦力的作用下温度升高，尘粒蒸发，周围大气被点亮。这，便是流星的由来。

在地球大气层外，宇宙空间内飘浮的尘粒受地球引力影响而撞击地球，或在地球轨道上相互碰撞而发光发亮的现象，其实每时每刻都在发生。只是由于昼间天空过于明亮，我们可能难以察觉。据估计，每天约有40吨尘粒发出光芒。一般认为，宇宙是真空的，空无一物。这一看法没有差错。但是，世界上并不存在绝对的真空或空无，宇宙空间内充盈着少量尘粒以及大量氢元素气体。特别是在太阳系内，与其外侧的宇宙空间相比，这里有着更多的尘粒和气体。这些尘粒和气体于46亿年前巨大星云（气体云）收缩形成太阳系时出现。

笔者的工作单位日本国立天文台（NAOJ）每月都会收到电话咨询："我见到了明亮的流星。这是陨石吗？"比金星还明亮闪烁的流星被称作"火流星（Fireball）"。火流星几乎每晚都现身，但大抵是些块头较大的尘粒，进入地球大气时就已经燃烧殆尽。标准一等星亮度的流星，它的光芒在短短0.2秒左右便会消失，其块头如咖啡豆般大小。而光亮持续数秒，亮度胜过金星的火流星，其大小则可能有数厘米。流星的亮度，不仅取决于大小和重量，还受到进入大气层的角度与速度，以及物质构成和密度等多方面因素影响。因此，仅凭亮度和光亮持续时间，难以准确推测流星大小。但可以肯定的是，若有可怕的火流星穿越大气层后仍没有燃烧殆尽，成功坠落地表，当它抵达地表的那一刻，就可以被称为"陨石"了。那么，几乎每晚都登场的火流星之中，成为陨石的比例又有多少呢？仅以日本观测到的火流星为例，每月或多或少都有1颗火流星成为陨石，也就是说，每年平均会出现几次。换而言之，在地球环绕太阳公转的宇宙空间中，火流星就像微小的尘粒一样数量众多，但体积越大，数量越少。尽管受到进入路径等因素影响，但大致来看，高尔夫球到棒球之间大小的火流星最有可能成为陨石。可是，这些陨石不能完全被人类回收。飞越日本上空的火流星，其坠落路径大多最终抵达日本海或太平洋等日本周边海域。即便抵达日本列岛的陆地上，若想发掘出来，也绝非易事。

地球大气层外游离着大量的太空碎片，既包括人类发射升空的无法在正常轨道上平稳运行的人造卫星，也包括火箭残骸。众所周知，宇航员从国际空间站（ISS）乘坐航天飞机等载人飞船返回地球时，若进入地球大气层时的角度过大，将加剧返回舱与大气摩擦，导致返回舱在空中燃尽。但是若进入时的角度过小，返回舱将被大气弹射开来，就会永远无法回到地球。同样，火流星等太阳系物质进入地球时，根据其角度和路径不同，或抵达地表，或在大气中燃烧殆尽，命运不尽相似。即便火流星大小同一，能否坠落到地表成为陨石，也只能听天由命。

当心太空坠物

像电影《2001：太空漫游》中的黑色方碑那样，无论什么物体从太空而降，人类感受到的除了"恐惧"还是"恐惧"。那么，究竟有多少人因为不走运而被陨石砸中丧命呢？每隔几年，就会传来非洲或南美洲陨石坠落致人死亡的新闻。可是，究其可信度，又全是些无法确认事实真相的小道消息。纵览人类的漫长历史，至今尚未明确发生过陨石坠地致人死亡的事件。

然而，陨石穿破屋顶、砸坏引擎盖的事件却多有发生。以日本为例，2018年9月26日晚，一颗陨石直击爱知县小牧市的一处民宅屋顶，随后反弹到旁侧，砸穿邻居停车棚，坠落至地表。该陨石现在被称作"小牧陨石"，大小约10厘米，重约550克。陨石击中住宅或坠落至住宅附近的情况很少见，但遇到这样的情况时，大概率能够发现并完整回收陨石。"小牧陨石"成为继2003年在广岛市安佐南区发现并回收的"广岛陨石"后，日本国内时隔15年再次发现的第52颗陨石。

那么，全世界发现陨石最多的地方在哪里呢？答案是南极大陆。这是因为南极大陆表面被茫茫冰雪覆盖，如果上面出现了石头，那么这块石头极有可能就是陨石了。正因为如此，日本收藏陨石最多的地方，既不是国立科学博物馆，也不是国立天文台，而是日本国立极地研究所。

◆ 近年在日本坠落或发现的陨石

年份	名称	坠落地或发现地	坠落或发现	总重量（kg）	类别
1986年	国分寺陨石	香川县高松市、坂出市	坠落	约11.51	石质陨石（球粒陨石）
1991年	田原陨石	爱知县田原市	坠落	＞10	石质陨石（球粒陨石）
1992年	美保关陨石	岛根县松江市	坠落	6.385	石质陨石（球粒陨石）
1995年	根上陨石	石川县能美市	坠落	约0.42	石质陨石（球粒陨石）
1996年	筑波陨石	新潟县筑波市、牛久市、土浦市	坠落	约0.8	石质陨石（球粒陨石）
1997年	十和田陨石	青森县十和田市	发现	0.054	石质陨石（球粒陨石）
1999年	神户陨石	兵库县神户市北区	坠落	0.135	石质陨石（球粒陨石）
2003年	广岛陨石	广岛县广岛市安佐南区	坠落	0.414	石质陨石（球粒陨石）

2012年	长良陨石	岐阜县岐阜市长良	发现	16.2	铁陨石
2018年	小牧陨石	爱知县小牧市	坠落	约0.55	石质陨石（球粒陨石）

※数据统计截至2019年2月27日

同样道理，和南极大陆一样草木不生、石头稀少，被漫漫细沙覆盖的沙漠地带里，也有可能捡拾到陨石。陨石大致可以分为石质陨石、石铁陨石和铁陨石（陨铁）三类。从坠落地球的频率来看，石质陨石占95%，石铁陨石占1%，铁陨石占4%。这些陨石大多是小行星碎片，有时也发现过源自月球和火星的陨石。陨石中记载了太阳系诞生的早期信息和太阳系历史，是探索太阳系诞生过程的宝贵研究材料。同时，由于部分陨石内含有珍贵的矿物元素，在非洲的一些沙漠地区，存在专门搜寻特定陨石的陨石猎人和陨石交易。这也就意味着，虽然人们不用过多担心被陨石重击致死，但因争夺稀有陨石而被杀害的情况却真实存在。

小行星、彗星撞击引发的生物大灭绝

如果地球受到小型天体撞击

太阳系的宇宙空间内，天体越大，其数量越少，坠落到地球的陨石的数量和频率也相对减少。但这绝不足以使人类高枕无忧。天体越是巨大，其破坏力越强，造成的后果也越恐怖。目前已知的最大陨石，是在纳米比亚发现的重约66吨的霍巴陨石。这是一颗铁陨石，1920年由一名要去耕作的农夫发现。据考证，霍巴陨石是距今约8万年前撞击地球的。

巨型陨石撞击地球的同时，会在地表留下陨石坑。例如，美国亚利桑那州的巴林格陨石坑就是一个直径1.2千米、深200米的大坑，是约5万年前由一颗重约30万吨的小天体以惊人速度撞击地球形成的。

◆世界十大陨石

发现年份	名称	发现地点	总重量（t）	类别
①1920年	霍巴陨石	纳米比亚	66	铁陨石
②1969年	艾尔·查科陨石	阿根廷	37	铁陨石
③1894年	阿尼希托陨石	格陵兰岛	30.9	铁陨石
④2016年	甘赛多陨石	阿根廷	30.8	铁陨石
⑤1898年	新疆陨石	中国	约28	铁陨石
⑥1863年	巴库比里托陨石	墨西哥	22	铁陨石
⑦1963年	阿格帕里利克陨石	格陵兰岛	20	铁陨石
⑧1930年	孟伯希陨石	坦桑尼亚	约16	铁陨石
⑨1902年	威拉姆特陨石	美国	15.5	铁陨石
⑩1894年	奇瓦瓦陨石	墨西哥	14.1及6	铁陨石

　　站在陨石坑边缘深思，你会不由得倒吸一口凉气。如果人类居住的城市不幸被如此巨大的小天体重击，将造成多么重大的灾难。相信无论是谁，都会陷入深深的恐惧之中。

　　我出生于日本长野县，受人尊敬的著名导演新海诚也来自长野。2016年，新海诚导演的动画电影力作《你的名字》上映，仅日本国内就取得了超过250亿日元高票房的好成绩。该电影还在40多个国家上映，获得海内外观众普遍赞许。

　　《你的名字》是一部以青年男女灵魂互换和时间轴错位为主题的恋爱动画电影。影片中出现的场景一跃成为线下"圣地巡礼"的必经之地，铸就了该影片纪念碑式的地位。但在笔者看来，这是一部启示人类天体撞击将带来怎样的生存危机的电影。影片中出现的迪亚马特彗星虽说是虚构的，但其深刻地展现了天体撞击地球的可怕以及人类躲避撞击的必要性。那么，现实生活中真的会发生类似事件吗？

2013年2月15日凌晨，一颗陨石坠落在俄罗斯乌拉尔山脉地区的车里雅宾斯克州。

虽然万幸，无一人身亡，但约1500人因陨石爆炸产生的气浪受伤。当地众多建筑的玻璃窗也因小行星突破大气层时产生的巨大冲击波而严重受损。据推测，该陨石的下落速度高达每秒15千米。在动能作用下，小行星在抵达地表之前就已经爆炸成众多粉末及微小碎片，最终抵达地表时，散落成无数陨石。据推测，在进入地球大气层之前，该小行星的直径达20米，重约10吨。

现在已知太阳系内有着近100万颗小行星，以及众多富含冰成分的小天体彗星。其中，最大的小行星是直径达939千米、享有"矮行星"称号的谷神星。小行星中，日本"隼鸟"2号小行星探测器造访过龙宫星，其直径为1004米。"隼鸟"1号造访过的小行星系川星较龙宫星更小更长，直径为535米。小行星个头越小，数量越多。在火星和木星之间的小行星带内遨游着无数的小行星。这些小行星的直径若小于几千米，从地球上是观测不到的。

◆主要小行星的大小比较（直径）

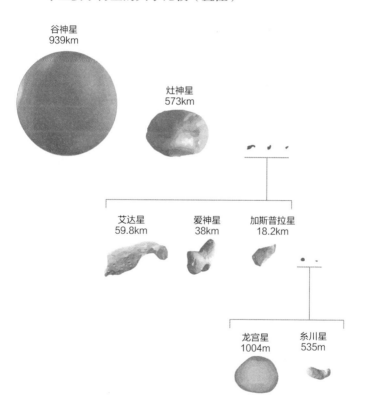

谷神星
939km

灶神星
573km

艾达星
59.8km

爱神星
38km

加斯普拉星
18.2km

龙宫星
1004m

糸川星
535m

几乎所有的小行星都在这个小行星带里运行，其中不乏一些沿着特殊轨道运行的调皮家伙。人类已发现众多像阿波罗型小行星、阿登型小行星这种运行轨道与地球公转轨道交叉的近地小行星。龙宫星和糸川星就是其中的一员。尽管身材娇小，只因接近地球，被人类幸运地发现，但是，不排除这些小行星有撞击地球的可能。

彗星接近太阳时，内含的冰物质受热融化，就像拖着长尾划过天际。人类最熟悉的彗星，莫过于每隔约76年接近地球一次，大小为 8千米×8千米×16千米的土豆形状的哈雷彗星了。1997年，海尔-波普彗星接近地球，它的直径是50千米，成为有史以来接近地球的最大彗星。一般而言，彗星的平均直径为10千米，属于小型天体。话虽如此，就像电影《你的名字》中描绘的那样，哪怕只是数十米大小的碎片坠落地球也能造成巨大的陨石坑。

小行星和彗星如此危险，它们撞击地球的频率是多少呢？又有多恐怖呢？6600万年前，一颗直径10千米左右的小行星撞击墨西哥尤卡坦半岛，导致包括恐龙在内的地球上75%以上的物种走向了灭绝。

一些学者推测，这种引发生物大灭绝危险的、直径超过10千米的小行星或彗星撞击地球的现象，每5000万年才出现一次，但是一旦出现，将轻易灭绝人类。[1]

地球守卫军（行星防御）的使命

接近地球的小行星叫作"近地天体（NEO）"。

太阳系自诞生至今，其内部天体间的碰撞就不曾停息，但随着时间推移，碰撞频率逐渐降低，大型天体间的碰撞少有发生。但是，如上文所述，偶尔会有众多直径10千米左右的天体造访地球，就像6600万年前将恐龙逼向灭绝之路的小行星或彗星那样。幸运的是，人类至今没有遭遇过巨型天体撞击。不过，自从1994年苏梅克-列维九号彗星撞击木星，地球危机题材电影就出现了井喷式增长。《绝世天劫》（*Armageddon*）、《天地大冲撞》（*Deep Impact*）等影片就是展现地球在不久的将来遭遇小行星或彗星等小天体撞击的电影佳作。

现在，国际社会正携手合作，致力于发现并监视有可能撞击地球的小行星、彗星等近地天体。在日本，日本

---

[1]　现在也有部分天文学家认为，相较于小行星或彗星，超级耀斑出现的频率更高，更令人生畏。(作者注)

宇宙航空研究开发机构（JAXA）、日本太空论坛（JSF）和日本太空防卫协会（JSGA）共同承担了这一职责。其中，日本太空防卫协会在位于冈山县井原市美星町的美星太空防御中心开展观测活动，这项工作也被称为"行星防御"（Planetary Defense）。

美国、俄罗斯、欧洲等国家和地区也积极致力于布局行星防御。特别是美国和俄罗斯，利用帕洛马山天文台等设施，发现了大量的彗星和接近地球的小行星。现在，各种国际探测项目正不断揭开一颗又一颗彗星和小行星的神秘面纱。

那么，发现将要撞击地球的天体后，应该如何避免它们撞击地球呢？如果运气好，发现的天体只是彗星或小行星等小天体，并且距离地球较远的话，只需稍稍改变一下它们的运行轨道，就能避免撞击。现在，国际社会正在探讨具体对策。

不管采用哪种方式，总之，必须将用于改变其运行轨道的太阳电池、火箭引擎、炸弹等送上该天体。如果发现天体已经非常接近地球了，很遗憾，人类只能坐以待毙。从这个意义上来说，行星防御是一项保卫人类的重要工作。以前，人们常说小天体撞击地球导致人类死亡的概率和飞机事故致死率相当。现在飞机安全性连年提升，天体撞击地球的危机却不曾消减。若某一天，巨型天体从天而降，而人类无力应对，此时此刻，人类只能走向灭亡。

我们是地球守卫军！我们改变天体运行轨道，避免撞击！

太空碎片降临之日

严重的太空垃圾问题

1957年，人类第一颗人造卫星"斯普特尼克1号"由苏联发射升空。地球生命自海洋进化到陆地，再由陆地飞向天空，最终将活动空间延展到了宇宙。1961年，人类首次飞向宇宙。同样是来自苏联，宇航员尤里·加加林搭乘"东方1号"宇宙飞船突破地球大气层，经1小时50分钟环绕地球飞行一周后安全返回，留下了那句名言——"地球是蓝色的"。

尤里·加加林
（1934—1968）

尼尔·阿姆斯特朗
（1930—2012）

◆被太空碎片包围的地球

留下动人名言的宇航员不止加加林一位。1969年7月21日，实现人类首次登月的美国阿波罗11号飞船船长尼尔·阿姆斯特朗踏上月球时，感慨道："这是个人迈出的一小步，却是人类迈出的一大步。"

然而，人类进行宇宙开发时留下的可不止这些可以载入史册的名言和杰出成就。自苏联发射"斯普特尼克1号"卫星以来，人类已进行了6000次以上的火箭发射。每次发射，都会产生大量的太空碎片（太空垃圾），包括火箭残骸、无法使用的人造卫星及其碎片，以及出舱活动的宇航员们留在太空舱外的相机、钉子等物件。尽管大多数碎片在重新进入大气层后燃烧殆尽，但据了解，现在仍有超过4500吨的碎片残留于太空。

太空碎片对人类的复仇

大家看过《地心引力》（*Gravity*）这部电影吗？《地心引力》于2013年上映，是由美国演员桑德拉·布洛克主演的科幻题材影片。影片中，俄罗斯自行摧毁本国人造卫星时，其他卫星遭受连锁破坏，释放大量碎片，从而引发凯斯勒综合征（Kessler Syndrome）[1]。受其影响，宇航员难以返回地球。尽管电影有夸张的艺术成分，但太空碎片的恐怖之处绝非仅仅存在于故事中。进入21世纪，地球大气层外的宇宙空间内，已有人类常驻于此。

国际空间站是由美国、俄罗斯、日本、加拿大、欧盟及其他国家共同合作运行的宇宙空间站，1998年开始运行，位于距地面400千米的上空，约90分钟环绕地球航行一周。

[1]　一种假设模型，设想若地球轨道上太空垃圾过多，将造成航天器经常相撞，产生更多太空垃圾，进而导致新的航天器无法发射升空。(译者注)

这也就意味着，自1998年起，人类就已常驻于太空。生活在这里的人们不仅要面对来自巨型耀斑、超级耀斑的威胁，就连细小的流星和太空碎片也威胁着他们的生命。

此外，近8000颗人造卫星现在正环绕地球航行，即使不算已经回收至地球和坠落至大气层的卫星，近地轨道上仍有4400颗以上的卫星。尽管这些卫星都有属于自己的运行轨道，避免相互撞击，但过去确有发生过卫星相撞导致残片四散的事故。不论是载人航天还是人造卫星，太空碎片都是其完成任务时的最大威胁。

日本宇宙航空研究开发机构（JAXA）下设追踪网络技术中心，用于发现并监视接近地球的小型天体。其位于日本冈山县井原市美星町的美星太空防御中心，不仅致力于尽早发现有可能撞击地球的小行星和彗星，还监视着极有可能从天而降的危险物体。

同样位于冈山县的上斋原太空防御中心，则致力于对太空碎片的监视。据最近观察，平均每年就有数百个碎片类物体、数十个火箭机体残骸以及10颗左右的人造卫星重新进入大气层。人造卫星再次进入大气层时，基本燃烧殆尽，但其中的耐燃性材料，以及体积较大卫星的燃烧残骸将落到地面或海洋。因此，不是只有宇航员置身于危险之中，尽管被击中的概率极低，居住在地球上的人类，也有可能面临从天而降的太空碎片的危险。

　　太空碎片是地球大气层外宇宙空间中失控的人造物。人造卫星发射升空时，根据国际规定，为了尽可能减少失控人造卫星的出现，一般会在卫星上使用即便出现撞击也难以解体的材料，或采取一些手段，使失控卫星分离燃料，避免后续爆炸。此外，由于不断有人造卫星进入太空，地球周边的宇宙空间变得狭小，更容易引发卫星相互碰撞。为了避免撞击发生，发射国不仅要掌握本国卫星轨道情况，还要明确其他国家卫星的轨道信息。

　　目前，国际社会正在努力通过微调卫星轨道等手段，尽可能减少撞击发生，但至今仍未开发出有效回收太空碎片的技术手段。

来自太阳的恐怖放射线

太阳母亲凶暴的一面

对于居住在太阳系第三颗行星地球上的人类来说，太阳是距离最近也最重要的天体。大家应该常常听到"太阳母亲"的说法吧。太阳为地球的生命活动提供必要能源，是不可或缺的存在。但是，随着对太阳研究的深入，人类逐渐认识到，太阳不仅是源源不断地给地球生命输送巨大能源的能量宝库，对于21世纪以来想进入宇宙的人类来说，也是一个具有极其凶暴特性的相当棘手的对手。

何为太阳耀斑引发的德林格尔现象

太阳是一个直径约为地球109倍、重量约为地球33万倍、以氢气为主的巨型集合体。

◆ 太阳耀斑

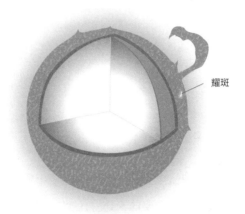

耀斑

太阳的中心温度超过1500万摄氏度，氢核聚变反应不断在此进行。太阳中心爆发的巨大能量经过长时间的放射和对流抵达太阳表面，但在控制太阳表面的磁场的影响下，能量流动受到阻碍。强大的磁场由太阳自转产生，在高达6000摄氏度的太阳表面，会出现温度相对较低的黑色区域。当来自太阳内部的巨大能量流动受其表面磁场影响被遮挡时，该部分温度相对低于周围部分，形成黑点。黑点积蓄的能量突然喷涌而出，就形成了太阳耀斑。

耀斑是太阳表面大气中积蓄的能量，受太阳表面磁力线重新排布（磁重联）影响而突然释放的现象。

太阳耀斑出现后，会向宇宙释放带有巨大能量的能量波。因释放方向不同，有时能量波会朝着地球直射而来。太阳耀斑发生约8分钟后，强烈的电磁波（特别是X光）会首先抵达地球。包括可见光在内，电磁波在真空中能够以每秒30万千米的速度传播，仅需8分19秒就能穿越1.5亿千米的地日距离，抵达地球表面。这些强烈电磁波抵达地球大气的电离层后，扰乱电离层正常状态，导致电波通信中利用短波进行的长距离通信陷入瘫痪。这就是"德林格尔现象"（Dellinger Effect）。为有效避免德林格尔现象出现，必须24小时不间断地对太阳进行实时监测，一旦观测到太阳耀斑，立即拉响警报。

引发大停电，导致股市停摆的极光风暴

太阳耀斑发生数日后，太阳风将抵达地球。

太阳风就是带电粒子（质子和氦原子核），即放射线。放射线主要包括氦原子核释放的 α 射线（阿尔法射线）、质子释放的 β 射线（贝塔射线）以及电磁波中波长最短的 γ 射线。质子和氦原子核组成以每秒数百千米速度运动的太阳风冲击地球。地球周围环绕着磁场，通常情况下可以防止太阳风直接进入地球大气层，但面对粒子数

量惊人、由耀斑产生的高速太阳风，地磁场（地磁力）则难以完全招架得住。于是，地磁场被严重扰乱，形成地磁暴。地磁力紊乱在高空表现为对极地上空极光的强烈刺激，形成极光风暴；在地表则表现为感应电流混入地表电线，扰乱电力系统，破坏输电网络线路，引发停电。

　　人类有史以来记录的最大地磁暴，发生在1959年9月1日。当时最先进的有线通信线路受地磁暴影响，产生过电流，导致位于末端的通信站点失火。据当年报纸描述，此时极地上空出现了异常明亮的极光。

　　此外，1989年3月，加拿大的魁北克省也发生过大停电事故。

◆**极光出现的原理**

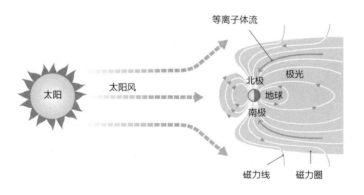

当时，约600万人陷入了长达9小时的停电状态。该事件的经济损失最少估计也高达数百亿日元。1989年8月，因地磁暴出现地发生了停电事故，加拿大多伦多股票市场一时间被迫停止交易。据估计，如果史上最大规模的耀斑直击地球，将给欧美等高纬度地区国家造成30万亿日元的巨额损失。

如上所述，太阳耀斑将大量放射线从太阳释放到地球，影响地球大气和地表，带米危害。更加令人担忧的是，太阳耀斑对位于地磁场外的国际空间站内的宇航员，以及运行于太空的人造卫星也会造成影响。

因为地球磁力圈的外侧不存在保护他们免受放射线危害的天然电磁屏障，因此，预测太空天气的重要性日益凸显。

预测地磁暴的太空天气预报

太空天气预报是一项详细观测并尽早发现太阳耀斑等太阳表面现象和异常，将相关信息广泛提供给相关人员的重要工作。为了使国际空间站处于安全空间，避免生活在其中的宇航员们受到放射线照射危害，也为了对社会生活极其重要的气象卫星、通信卫星等人造卫星能够正常运转，人们将在必要时调整卫星的朝向。假设宇航员运气不佳，正好在出舱活动期间遭遇了大耀斑，就有可能遭受4西弗特（放射剂量单位）以上的放射线照射。这个量足以致死，非常危险。此外，耀斑发生时，为了防止地表发电系统受损，必要时可采取事前减少输电量等预防措施。目前，世界各国正致力于研究太空天气预报。在日本，总部位于东京都小金井市的日本情报通信研究机构（NICT）履行着这一职责。

太空天气预报不仅依赖于地表设置的多种太阳专用望远镜对太阳的监视，太空望远镜的监视也不可或缺。特别是1995年，在美国国家航空航天局（NASA）与欧洲航天局（ESA）合作发射的太阳观测卫星SOHO，长期监视太阳表面，多次为成功预报地磁暴做出贡献。

虽然人类无法直接目睹入侵地球磁气圈的太阳风的真实面目，但到接近南北极的高纬度地区，则可以通过极光感受太阳风活动的影响。与日全食、流星雨一样，以其独特魅力吸引人类的极光，并非宇宙空间现象，而是一种地球大气圈内出现的发光现象。

包括太阳光在内，从宇宙中飞来的放射线（等离子体的一种），被地球磁力圈（地磁场、地磁气）这一天然电磁屏障遮挡后，几乎不能完全抵达地表。但是，由于地磁场的南北两极周边集中了磁力线，而具有沿着磁力线前进性质的放射线，可以从南北极入侵至大气层内。此时，极地地区的高层大气就会出现发光现象。这就是极光。

　　放射线中的粒子沿着磁力线降落，与高层大气发生碰撞，使得大气颗粒物获得能量，从而发光。根据放射线种类和地球大气颗粒物种类不同，极光呈现出从X射线到紫外线不等的各种不同波长区域的光。人类观测到的极光，主要是电子降落引发的大气发光，氧原子产生的红色和绿色的光交相辉映。如果从地球外侧观察，极光以包围磁极的链条状态出现，这些链条就是"极光地带"。木星、土星、天王星、海王星等具有磁场的天体上也存在极光现象。

超级耀斑燃尽的未来

出现超巨型耀斑

太阳表面出现的耀斑有不同的规模大小，其中最恐怖的是超级耀斑。超级耀斑是一种巨型耀斑，能够释放太阳表面观测到的最大级别耀斑10倍以上的能量。幸运的是，近年来如此大规模的耀斑未曾发生，但今后是否会出现，仍令人担忧。能量值为目前观测到的最大级别耀斑（约每10年出现1次）的1万倍的超级耀斑，每1万年至10万年出现1次。

不过，天文学家们认为，迄今为止的观测结果显示，超级耀斑仅出现在活动不稳定的年轻恒星上，像太阳这种已经诞生了46亿年，且氢核聚变反应稳定持续进行的恒星（主序星）上，不会出现超级耀斑。

然而，美国国家航空航天局（NASA）于2009年发射升空的以探测太阳系外行星为目的的开普勒太空望远镜，总能以其收集到的庞大观测数据颠覆人类常识。详细调查开普勒太空望远镜（2009年4月至12月）观测到的8万颗与太阳相似的恒星的变光数据后发现，有148颗与太阳同类型的恒星共发生了365次超级耀斑。

另一方面，科学家们通过欧洲航天局（ESA）发射的盖亚天文卫星等的观测数据，详细解析与太阳类似的恒星中出现的43次超级耀斑后发现，确实在越年轻的恒星上，越容易出现超级耀斑，像太阳这样处于壮年期的恒星上则极少出现。相较于年轻恒星上几乎每周都会出现超级耀斑，太阳等壮年恒星上数千年才出现1次。越是规模大的耀斑，出现的频率越低，而能量更强的耀斑，估计数万年才出现1次。现在，专家们逐渐达成一致：尽管太阳上不易出现超级耀斑，但不能否定其出现的可能性。

引发史无前例大灾害的超级耀斑

在数字革命崭露头角的20世纪末以前，即便太阳上出现了小规模的超级耀斑，也仅仅引发庞大的极光风暴，未曾对人类社会构成什么大的威胁。

◆ 超级耀斑带来的伤害

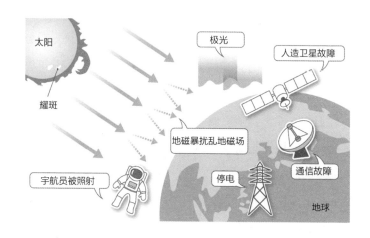

太阳

极光

人造卫星故障

耀斑

地磁暴扰乱地磁场

宇航员被照射

停电

通信故障

地球

　　然而，现代人类社会中，各式各样的电子器械和通信技术早已成为生活中必不可缺的一部分。因此，超级耀斑一旦爆发，将对人类社会造成极大的危害。如果新出现的超级耀斑规模为人类迄今遭遇过的最大级别耀斑的1000倍左右，人类在地表虽然不至于因为放射线照射而丧生，但若运气不好，恰巧乘坐航空工具，则很有可能暴露在强烈的放射线照射之下。因为越是接近上空，放射线含量越高。如果太阳上出现了数千年一遇的超级耀斑，并直击地球，将引发前所未有的巨大灾害。

有科学家发出警告，相较于陨石撞击致死概率，超级耀斑的致死率更高。

进入21世纪，国际空间站遨游太空，这也就意味着宇宙空间内一直都有人类活动。2019年是人类登陆月球50周年，美国特朗普政府计划2020年后的10年间，再次实现人类月球漫步；2030年后的10年间，实现奔向火星的载人航天飞行。人类已经进入这样一个宇宙开发时代，增进对太阳的认知，加强对太阳活动的监视和预报（太空天气预报）变得越来越重要。

来自太阳的日常威胁

太阳射线（来自太阳的电磁波）的威胁

来自太阳的威胁不只有放射线和超级耀斑，其实人类的日常生活就暴露在太阳的威胁之下。这就是太阳射线，特别是紫外线的威胁。让我们重新梳理一遍从太阳来到地球的物质都有哪些——太阳宇宙射线（电磁波）、太阳风（等离子体流或等离子体辐射），以及本书不涉及的太阳微中子。

按照波长排序，电磁波可分为无线电波、红外线、可见光、紫外线、X射线、γ射线。这些射线具有波的性质，因此可根据波的长短进行划分。需要注意的是，波长越短，其携带的能量越高。人类肉眼可感知到的波长范围内的电磁波就是可见光。电磁波的一部分和除可见光之外的其余所有太阳射线，被地球大气吸收、散射，仅有一小部分可抵达地表。这种现象叫作"大气窗口"。

◆ 大气窗口

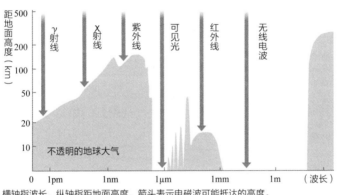

横轴指波长，纵轴指距地面高度，箭头表示电磁波可能抵达的高度。
▨ 表示地表上电磁波无法抵达的区域。

从 γ 射线到无线电波，太阳不停发射着电磁波，其中，可见光能量最强。人类眼睛的进化可能就是为了捕捉到这部分光线吧。可见光中，绿色附近的光达到能量峰值。可见光穿越大气窗口抵达地表时，光线的一部分转化为温暖其照射区域的热能。照射到云层上的光则被反射到水蒸气中，被水蒸气吸收。太阳的能量就这样被用于加热地球和地球大气，从而孕育了大气循环、降水以及洋流，更进一步被用在了植物的光合作用以及动植物的生长上。可以说，"太阳母亲"的称号名副其实。

绝不能小看紫外线

眼睛观测到的太阳光可折射分解为七种颜色。相比波长较长的红色光线，波长较短的紫色光线的折射率更高。当大气中的雨滴充当三棱镜分解光线时，就能得到美丽的彩虹。此时，虽然眼睛无法捕捉到，但是红色光线外侧存在波长更长的红外线，紫色光线外侧存在波长更短的紫外线。

波长接近可见光的红外线和紫外线经大气窗口减弱后，仅小部分抵达地表。

红外线又被称作热线，有助于地球保温。相比之下，紫外线就危险得多。相信大家都有过夏天被强烈的紫外线晒伤皮肤的经历吧。海边及泳池边的晒伤，是美容与健康的大敌。当然，最危险的还是大气含量较低的高山紫外线的曝晒。

来自太阳的紫外线经过地球大气窗口后，绝大部分被吸收，仅2%左右抵达地表。但是，如果人去到大气稀薄的高山地区，则会暴露在大量的紫外线环境中，此时必须采取涂抹大量防晒霜等防晒措施。

◆ 电磁波的组成

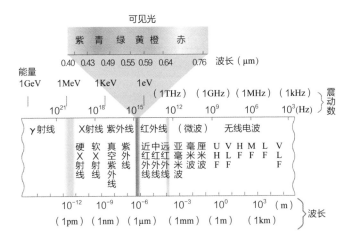

如果紫外线未被大气吸收全部抵达地表，人类的皮肤将在短短数秒之内被烧焦。紫外线带有的强大能量会破坏地表所有生物的DNA。远古地球的陆地上不存在生命，就有力验证了紫外线能量之强。直到海洋植物制造出另一层地球天然防护层——臭氧层，陆地上才开始出现生命。

人类必须修复破损的臭氧层

臭氧层是位于地球大气约20千米高度的含有微量臭氧（三个氧原子组成臭氧分子）的大气圈层。对生物生存有害的紫外线在经过臭氧层时，绝大部分被吸收，仅少量抵达地表。46亿年前，刚诞生的原始地球上没有臭氧层。由于水可以吸收紫外线，所以约38亿年前出现的地球早期生命就首先在海洋中繁衍进化。海洋中的硅藻等浮游植物不断增殖，其光合作用产生的氧气溶于水中，达到饱和后溢出到大气中。随着大气中氧气含量的增加，来自太阳的紫外线与氧气发生化学反应，产生了臭氧层。伴随着臭氧层的出现，生命走向陆地并进化发展才成为可能。

臭氧层在紫外线积年累月的作用下不断形成又被破坏，保持了大气中臭氧浓度的动态平衡。然而近年来，人类发现南极上空的臭氧层被大量破坏，出现了臭氧层空洞。这是人类大量使用的氟利昂和哈龙抵达平流层后破坏臭氧的结果。臭氧层破坏，导致晒伤和皮肤癌患者增多。

1987年，国际社会决心携起手来，共同致力于削减并禁止使用破坏臭氧层的物质（《蒙特利尔议定书》）。其后，在国际社会的共同合作与努力下，世界上的197个国家批准了本国加入《蒙特利尔议定书》。经观测，目前臭氧层空洞正在缩小。

　　然而，在人类淡薄意识的驱使下，臭氧何时再度减少，也不得而知。同时，大气中二氧化碳含量增加导致的全球气候变暖，正在引发严峻的生态问题。与商议签署《蒙特利尔议定书》时一样，人类再次站在了风口浪尖。

火星人进攻地球？

使人类陷入不安与恐惧的种种天文现象

历史上出现过很多次令人类不安与恐惧的天体和天文现象。比如日全食，朗朗晴空之下太阳忽然消失，万物坠入黑暗。在无法预测日食的时代，对于不知何为日食的人类来说，眼看着太阳消失，该是多么恐惧啊！在日本，《古事记》和《日本书纪》中记载了天照大神隐身于天岩户的传说。天照大神即太阳神。毫无疑问，这一传说是以古代日本观测到的日全食的恐怖体验为基础创作并流传下来的。在中国、蒙古、泰国、印度尼西亚、土耳其等国，同样题材的太阳神隐身的神话故事，也多有流传。

夜空中突然显现，拖着长尾划过天际的彗星同样令人感到恐惧。众多国家和民族自古以来就把彗星当作不祥事件的征兆。

公元前100年的中国（西汉时期），古人仔细观察彗星尾部形状，以占星术来占卜国家前途命运。人类对哈雷彗星最早的记录，来自公元7世纪成书的德国《纽伦堡编年史》的西历684年一页。书中写道："此彗星出现是年，大雨倾盆，电闪雷鸣，持续三月。其间多有人、羊暴毙，田间干旱，颗粒无收。日食月食接踵而至，不安与恐惧剧增。"由此可以看出，当时德国出现彗星时，引发了各种灾难。在欧洲，彗星出现大多被认为是神的启示。

异常明亮的红色行星

与日食、彗星一样，火星也是一颗令古人近距离感受到恐惧的天体。英国作曲家古斯塔夫·霍尔斯特创作了一段名为《行星》的著名组曲。其中，他将1914年作曲的一篇乐章命名为《火星：战争使者》。听此曲者，仿佛身处战场之中，让人胆战心惊。

为什么火星被冠以战争之神马尔斯（Mars）的名字呢？这是因为这颗每隔约2年零2个月就向地球展现其异常明亮的红色行星，使人类不由自主地联想起战火纷飞与流血牺牲的场面。火星是太阳系中第四颗行星，在接近地球的外侧环绕太阳公转。除水星和火星外的几乎所有太阳系行星的轨道都是近乎圆形的椭圆形，而水星和火星则沿着非常规整的椭圆形轨道运行。这也就意味着水星和火星与太阳之间的距离时近时远。从地球上来观测火星的话，火星每隔2年零2个月就会遮挡住太阳（火星冲日），于是在深夜里就显得格外明亮。此时，根据火星接近地球的位置不同，分为地火距离为5600万千米左右的火星大冲与1亿千米以上的火星小冲。由于地球与火星相互接近的距离不同，从地球上观测到的火星的明亮程度也有差异。当火星大冲出现时，火星显得异常红亮，人类因此惧怕不知这一现象是否预示着重大战争或灾害即将发生。

古代人对于火星的恐惧，还源于对火星人总有一天会进攻地球的潜在担忧。

围绕火星人的猜想，不得不提一位活跃在19世纪末的美国业余天文学家帕西瓦尔·罗威尔。出生于商人家庭的罗威尔迷上火星，是从看到火星上有"运河"的误报开始的。当时，意大利天文学家乔瓦尼·斯基帕雷利在手绘的火星素描稿中，详细描绘了多处直线状结构，并用表示水路的意大利语"canale"描述这些结构。然而，"canale"在被翻译成英语时，被误译为表示运河的"canal"。于是，罗威尔误以为火星上居住着有能力修造运河的高等智慧生物（火星人）。他投入了庞大的个人资产，在亚利桑那州弗拉格斯塔夫市建造了私人天文台，醉心于火星观测。虽然现在已经判明火星表面不存在运河和直线河道，但罗威尔留下的众多素描稿，在当时给世界带来了深刻影响。

帕西瓦尔·罗威尔
（1855—1916）

乔瓦尼·斯基帕雷利
（1835—1910）

◆罗威尔的火星素描稿

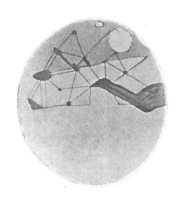

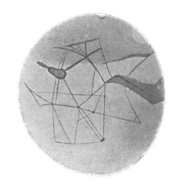

在距今100年左右的罗威尔时代，有非常多的普通民众相信火星上存在火星人。受到罗威尔火星运河论的影响，英国科幻作家H.G.威尔斯于1898年发表了小说《世界大战》（*The War of the Worlds*）。小说描写了拥有高于地球文明的大家熟悉的章鱼型火星人进攻地球的故事。30年后，美国播放了由著名演员奥逊·威尔斯主演的广播剧《世界大战》。这部广播剧以火星人进攻美国为故事背景，于1938年10月30日，即万圣节前夕播出。尽管广播里多次说明"这只是一部广播剧"，但该剧仍在全美引发了巨大恐慌。

火星上存在生命吗？

时间长河奔流不息，人类文明进入20世纪后半期，一个开始发射人造卫星和太空探测器的时代。此时，人类不断将火星探测器送向太空。1964年发射的"水手4号"探测器拍下了人类历史上首张火星照片。从"水手4号"探测器发回地球的照片可以得知，火星上毫无生命气息，更别提运河了。更详细的数据表明，火星大气含量为地球的一百七十分之一，平均气温为零下23摄氏度，其环境根本不适合大型动物生存。从火星探测卫星拍摄的影像和收集的信息来看，火星不具备智慧生命生存的环境，非但不存在火星人，目视范围内连一个生命体都没有。虽然围绕火星是否真的存在生命、是否曾经存在过生命等争论，至今仍没有明确答案，但是像罗威尔那样幻想火星上存在生命活动的人数不胜数，也是事实。

火星之所以看起来是红色的，是因为其表面覆盖着一层富含铁锈，即氧化铁的砂土。由于火星地轴有25度倾斜，因此像地球一样，火星上也存在四季变化。火星大气几乎都是二氧化碳。远古火星可能被平稳的海洋覆盖，曾经出现过容易产生生命的环境。但是，现在的火星却是一颗冰冷的沙漠星球。即便如此，火星也是太阳系八大行星中与地球环境最为相似的行星。虽然现在人类尚未在火星上发现生命迹象，但不能否定生命存在的可能。只是根据目前的观测以及探测结果来看，可以明确的是火星上不存在火星人等智慧生命。

火星旅行充满恐怖，即便如此，人类也要向火星进发

日本宇宙航空研究开发机构（JAXA）正在推进"火星卫星探测计划（MMX）"，预计2024年发射，从火星的1号卫星"福波斯"上采集样本并返回地球。如果进展

顺利的话，2030年起的10年间，人类有望在火星上留下足迹。抬头仰望星空，火星看起来比月球小太多。为什么人类想要奔向比地月距离还远150多倍的火星呢？

◆主要的火星探测器

	探测器名称	发射时间（世界时间）	发射国家	类别
1	水手4号探测器（Mariner 4）	1964年11月28日	美国	飞越
2	水手6号探测器（Mariner 6）	1969年2月25日	美国	飞越
3	水手7号探测器（Mariner 7）	1969年3月27日	美国	飞越
4	火星2号探测器（Mars 2）	1971年5月19日	苏联	绕轨道飞行
5	火星3号探测器（Mars 3）	1971年5月28日	苏联	着陆
6	水手9号探测器（Mariner 9）	1971年5月30日	美国	绕轨道飞行
7	火星3号探测器（Mars 5）	1973年7月25日	苏联	绕轨道飞行
8	维京1号探测器（Viking 1）	1975年8月20日	美国	着陆
9	维京2号探测器（Viking 2）	1975年9月9日	美国	着陆
10	福波斯2号探测器（Phobos 2）	1988年7月12日	苏联	绕轨道飞行
11	火星全球勘测者探测器（Mars Global Surveyor, MGS）	1996年11月7日	美国	绕轨道飞行
12	火星探路者探测器（Mars Pathfinder, MPF）	1996年12月4日	美国	漫游车

13	2001火星奥德赛号探测器（2001 Mars Odyssey）	2001年4月8日	美国	绕轨道飞行
14	火星快车号探测器（Mars Express）	2003年6月2日	欧洲	绕轨道飞行
15	火星探测漫游者计划1号机"勇气号"火星车（Mars Exploration Rover, MER mission, Spirit）	2003年6月10日	美国	漫游车
16	火星探测漫游者计划2号机"机遇号"火星车（Mars Exploration Rover, MER Mission, Opportunity）	2003年7月7日	美国	漫游车
17	火星勘测轨道器探测器（Mars Reconnaissance Orbiter, MRO）	2005年8月12日	美国	绕轨道飞行
18	凤凰号火星探测器（Phoenix）	2007年8月4日	美国	着陆
19	火星科学实验室"好奇号"探测器（Mars Science Laboratory – Curiosity Rover）	2011年11月26日	美国	漫游车
20	曼加里安号火星探测器（Mangalyaan）	2013年11月5日	印度	绕轨道飞行
21	火星大气与挥发演化探测器（Mars Atmosphere and Volatile Evolution, MAVEN）	2013年11月18日	美国	绕轨道飞行
22	火星车ExoMars探测器（Exobiology on Mars, ExoMars）	2016年3月14日	欧洲、俄罗斯	绕轨道飞行
23	洞察号火星探测器（Interior Exploration using Seismic Investigations, Geodesy and Heat Transport, InSight）	2018年5月5日	美国	着陆

※数据统计截至2020年2月

1960年至2020年2月，人类发射了46台火星探测器，其中，6台发射失败（1960—1971），15台行踪不明，近半数以失败告终。发射成功的23台主要以美国、苏联（俄罗斯）为主，包括4辆漫游车、5台着陆器、11台飞行器（绕轨道飞行，不着陆）以及3台飞越式探测器（不绕轨道飞行，仅飞越火星）。日本也于1998年发射了"希望号"火星探测器，用于调查火星大气状况，遗憾的是没能进入火星轨道。即使是现在，前往火星也绝非易事。[1]

美国国家航空航天局（NASA）发射的"好奇号"等火星探测器的探测结果表明，远古火星被平稳的海洋覆盖，曾经存在过适合生命诞生的环境。火星这颗质量较小的行星被认为是比地球进化得更快的行星。无论是了解火星历史，还是探究地球未来，载人火星探测都肩负着重要使命。但是，前往火星的路途遥远，光单程就要花2年以上时间。是派遣人类前往，还是依靠人工智能（AI）进行探索？围绕这一问题，国际社会应该加强探讨，不仅是从科学目的出发，还应思考地球生命在遥远的未来究竟能通

---

[1] 2020 年 7 月 23 日，中国成功发射"天问一号"火星探测器，于 2021 年 5 月在火星着陆。——译者注

往宇宙何处。

宇宙放射线曝晒是火星旅行面临的最大考验。太阳耀斑引发的高速太阳风，以及遥远恒星释放的宇宙射线对太阳系的照射等都是威胁。长时间暴露在放射线之下，人体随时面临受伤的风险。此外，如何维持封闭空间中人类心理健康和适当的沟通能力，也是重要课题。将常驻国际空间站的时间计算在内，现在已有数名宇航员滞留太空时间超过2年。不过，在距离地表400千米远的国际空间站内，人类尚且能够时常俯瞰地球家园，一旦出现紧急情况可以乘坐逃生胶囊返回地球，若踏上距离地球遥遥数千万千米的孤独太空旅行，人类必将面临更加巨大的心理压力。

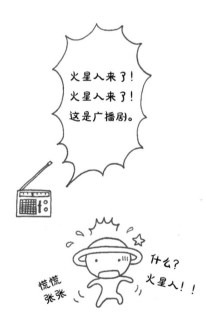

全球变暖的恐怖——人类的未来在哪里？

为什么地球正在变暖

现代人类社会面临诸多课题。以身边的国家日本为例，人口老龄化、少子化、过疏化，地区社会崩坏，国家收入与支出的累计赤字的扩大，医疗、福利、年金的维持，全球化的应对，与近邻国家的和平外交等，众多令人担忧的课题浮上心头。从全球角度来看，包容性问题（在组织和社会中接纳并允许各种个性发展），资本主义的变化与多样化，人工智能与信息技术革命的应对，移民问题，消除恐怖主义，民粹主义的抬头等，国际社会存在的问题也多种多样。

但是，不论是谁，也不论在哪个国家和地区，人类感受到的最大恐惧，莫过于地球环境变化，特别是全球变暖。在此，让我们思考一下地球这颗行星上生存的人类与地球本身的关系。毕竟，地球是人类不可替代的天体，更是人类的家园。

全球变暖指的是地球平均气温的长期上升，特别是工业革命以来的人类活动造成的影响。

从地球整体来看，世界各地的气温、降水量，冰河等地表冰量，洋流及海水温度等，都遵循着不同的时间尺度变化。长时期的时间尺度变化，就形成了气候变动。导致气候变动的原因可大致分为以下两类：其一，太阳活动变化以及火山喷发导致大气微粒子含量增加等自然现象；其二，人类活动。人类活动导致近现代以来全球平均气温上升，对此产生的恐惧就是全球变暖带来的灾难。一般认为，自18世纪英国掀起工业革命以来，人类活动造成大量温室气体排放到大气中，进而引发全球平均气温急速上升。

温室气体主要指二氧化碳和甲烷。在兼具高度文明性与高度生产力的人类活动的影响下，大气中二氧化碳和甲烷的浓度急速升高。然而，值得注意的是，包括日本在内，现在世界上仍有不少人不赞同上述观点。他们认为造成全球变暖的主因是自然原因，人类活动的影响微乎其微。

◆世界平均地表气温变化

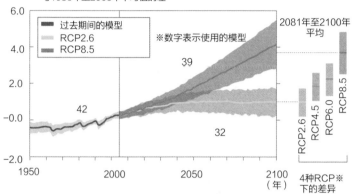

与1986年至2005年平均值的差

- 过去期间的模型
- RCP2.6
- RCP8.5

※数字表示使用的模型

2081年至2100年平均

39

42

32

1950　2000　2050　2100（年）

4种RCP※下的差异

RCP2.6　RCP4.5　RCP6.0　RCP8.5

※RCP: Representative Concentration Pathways(代表性浓度路径情景)

出处：联合国政府间气候变化专门委员会（IPCC）第五次评估报告决策者摘要
(Summary for Policymakers, SPM)

　　2007年，联合国政府间气候变化专门委员会（IPCC）与美国前副总统戈尔共同获颁诺贝尔

阿尔·戈尔
（1948年出生）

和平奖。该委员会2013年至2014年间发布了第五次评估报告。该报告通过解析多个精密气候模型，明确指出全球气候变暖就是起因于人类活动。

　　2018年10月，委员会再次发布特别评估报告，指出未来全球平均气温较工业革命前上升1.5摄氏度和2摄氏度时，所带来的影响将会有很大的不同。接下来世界各国应该采取怎样的行动，变得尤为重要。

发出怒吼的青年一代

2019年9月23日，在纽约召开的联合国气候行动峰会上，瑞典少女格蕾塔·桑伯格（当时16岁）当着应对全球变暖行动迟缓

格蕾塔·桑伯格
（2003年出生）

的世界各国领导人的面发表了演讲，至今令人记忆犹新。为表达希望加快应对全球变暖的诉求，她主动停课，在斯德哥尔摩的瑞典议会大厦前静坐抗议，并吸引世界各地众多感同身受的年轻人。她于发表演讲前的9月20日，发起了涉及163个国家与地区的共同游行活动。以欧洲年青一代为中心，迫切要求加快应对全球变暖的声音日益高涨。

美国《时代》周刊杂志将少女格蕾塔评选为"2019年度人物"。

如果人类保持现在的速度继续排放二氧化碳，那么在不久的将来，会发生怎样恐怖的事情呢？据预测分析，到2100年，地球整体平均气温将比2000年最多上升4.9摄氏度，而日本全国的夏季最高温度将整体突破40摄氏度，酷

暑将持续2个月之久。

经推算，届时日本国内中暑死亡人数年均将超过1.5万，户外作业的环境将变得非常危险。日本本州地区的水稻种植将因为酷暑而颗粒无收，北海道地区将成为仅有的稻米产地。由于海平面上升，瞬间淹没日本列岛的超级台风将频频发生，像2018年和2019年那样的台风带来的气象灾害将成为家常便饭。

危害不止于此。世界各地的平均海平面上升；意大利威尼斯等海岸城市以及世界遗产将沉入水底；大气循环、洋流，甚至整个生态系统将发生重大变化。因此，如前文所述，人类无论如何都要在2100年前把气温上升幅度控制在1.5摄氏度以内，这一目标已经成为现在的国际目标值。

就人类个体而言，应该采取怎样的具体行动呢？现代社会要求人类具备国际视野与国际思维。"Globe"（国际）一词指的是地球，国际视野与国际思维指的是跨越国家与地区，站在全球的视野高度来看待问题。2015年，联合国发布了包括应对全球变暖在内的可持续发展目标（Sustainable Development Goals，SDGs）。可持续发展目标共17个，致力于全球规模的人类可持续性开发，又被称作"为人类、地球与繁荣制订的行动计划"。其行动指南在17个目标下又详细制定了169个具体实现标准。

◆ 改变世界的17个目标

SUSTAINABLE DEVELOPMENT G◯ALS

1 消除贫困

2 消除饥饿

3 良好健康与福祉

4 优质教育

5 性别平等

6 清洁饮水和卫生设施

7 廉价和清洁能源

8 体面工作和经济增长

9 工业、创新和基础设施

10 缩小差距

11 可持续城市和社区

12 负责任的消费和生产

13 气候行动

14 水下生物

15 陆地生物

16 和平、正义与强大机构

17 促进目标实现的伙伴关系

第13项"气候行动"的具体内容如下:

13.1 加强各国抵御和适应气候相关的灾害和自然灾害的能力。

13.2 将应对气候变化的举措纳入国家政策、战略和规划。

13.3 加强对气候变化减缓、适应、减少影响和早期预警等方面的教育和宣传,加强人员和机构在此方面的能力。

13.a 发达国家履行在《联合国气候变化框架公约》下的承诺,即到2020年每年从各种渠道共同筹资1000亿美元,满足发展中国家的需求,帮助其切实开展减缓行动,提高履约的透明度,并尽快向绿色气候基金注资,使其全面投入运行。

13.b 促进在最不发达国家和小岛屿发展中国家建立增强能力的机制,帮助其进行与气候变化有关的有效规划和管理,包括重点关注妇女、青年、地方社区和边缘化社区。

*我们认为,《联合国气候变化框架公约》是谈判达成对气候变化的全球性对策的首要政府间国际论坛。

雪球地球（大冰河时期）将到来？

不稳定的地球气温

前文介绍了居住在地球这颗行星上的人类将在未来百年经历的恐怖与全球变暖。如果将时间尺度扩大100倍，从数万年跨度来看的话，地球可能再次迎来冰河时期。这是人类将要面对的另一种灾难。

在地球46亿年的历史中，曾多次反复交替出现全年变暖与变冷。最寒冷的时期，海洋全部冻结，地球变成了一颗雪球（全球冻结）。最著名的雪球地球时期之一，莫过于约7亿年前的前寒武纪末期出现的冰河时期。那时，前寒武纪时期的生物大量灭绝，之后出现了被称作"寒武纪生命大爆发"的爆炸性生物进化。

地球变成雪球后，地表被白色冰雪覆盖，提高了太阳光反射率，进一步加剧全球变冷。

不过，由于地球内部火山活动产生的二氧化碳在大气中的浓度逐渐增加，其温室效应提升了地表温度，使地球缓慢从冰冻状态中恢复过来。但是，地球会再次变成雪球吗？

为了在无法预测的状况下生存下去

纵观地球历史，最近的100万年被认为是处于新生代第四纪的冰河时期。这一时期既是人类诞生并扩大生活圈层的时期，也是地球气候的变暖与变冷相互交替、自然环境剧烈变化的时期。在这100万年间，出现过4次冰期以及冰期之间的相对温暖时期（间冰期），这两种时期每4万年至10万年交替出现。现在，地球正处于末次冰期结束约2万年后的间冰期。换而言之，地球有可能再次进入冰期。

不过，人类尚未探明冰期与间冰期反复交替出现的原因。因此，地球也可能不会再次变冷。也就是说，现在还无法知晓地球到底会不会进入冰河时期，是否会变成冰期中最寒冷的雪球地球。

◆不同时间尺度下观测的地表气温变化

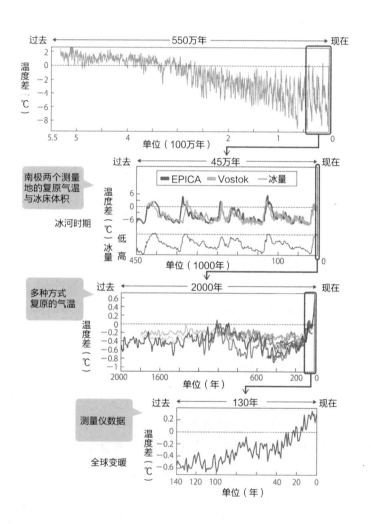

过去 ◄————————— 550万年 ————————► 现在

温度差（℃）

单位（100万年）

南极两个测量
地的复原气温
与冰床体积

冰河时期

过去 ◄————————— 45万年 ————————► 现在

■EPICA ■Vostok —冰量

温度差（℃）

冰量　低　高

单位（1000年）

多种方式
复原的气温

过去 ◄————————— 2000年 ————————► 现在

温度差（℃）

单位（年）

测量仪数据

全球变暖

过去 ◄————————— 130年 ————————► 现在

温度差（℃）

单位（年）

在第四纪末次冰期最寒冷的时期，地球平均气温比现在低10摄氏度。例如，现在东京的年平均气温为16摄氏度，当时的气温仅为6摄氏度，相当于现在北海道钏路市的年平均气温。而钏路市在当时，平均气温仅为零下4摄氏度，寒冷程度相当于现在的格陵兰岛。

笔者多次受到历任日本文部科学大臣询问，地球究竟是在变暖还是在变冷？希望不仅是政府官员，每一位民众都能认识到，全球变暖与变冷的时间尺度存在着100倍差异。但现实是，全球气候变动超出了人类智慧认知范围，想要正确预报气候是非常困难的。因此笔者认为，认真研究，谨慎推测，方为良策。

看不见星空的恐怖

世界各国光害加剧的现实

居住在城市里，很少有机会仰望满天繁星。很多孩子甚至都没见过流星和银河。

笔者以前做过一次调查，对于"太阳下沉的方向在哪儿？"这一疑问，居住在城市里的孩子们竟无法正确回答。由此看来，孩子们没有实际体验，自然就不感兴趣，也难以增进相关了解。

通过人造卫星俯瞰地球时，会发现太阳照射不到的黑夜里也有人类居住，但地球的模样却可以说是有些悲惨的。处于黑夜中的地球一侧，向宇宙空间释放出无数的光能。不只是纽约、伦敦、东京、上海这样的大城市，如果仔细看日本附近，就会发现新干线和高速公路串联起全国各地，到处都有人类居住。

联合国可持续发展目标呼吁停止能源浪费。从地表射向天空的无用光源，会引发一种叫作"光害（光污染）"的公害现象。不论是专业人士还是业余爱好者，天体观测和对星空的学习都需要一定的理科知识储备，其中包括了解人工光源对动植物等带来的恶性影响。例如，海龟产卵后，孵化的小海龟会误把海边街灯当作月光；便利店和高尔夫球场周边农田里的农作物生长会受到光照影响。

另有研究指出，人类生活中常见的发光二极管（LED灯）释放的紫色到蓝色波长的光芒可能引发睡眠障碍。

如上文所述，光害不仅是单纯喜欢欣赏美丽星空的天文学家及天文爱好者们实现自我满足时关注的话题，而且不论是从节约能源的观点出发，还是从对人和动植物的生态系统产生影响的角度出发，光害已然成为一种必须加以治理的社会现象。

不使用霓虹灯标志牌和探照灯，或用伞罩住街灯以减少不必要的光亮照射，或制定光害防止条例，日本的一些自治体已经开始采取行动。

例如，冈山县井原市美星町为保护可以望见星空的自然环境，于1989年制定了日本首部光害防止条例。这是距今30多年前采取的行动。美星町，一个名副其实的拥有美丽星空的城镇，在此汇聚了安装有101厘米口径反射望远镜的美星天文台、JAXA美星太空防御中心等天文观测设施。

　　日本以外的国家也采取了类似措施。其中，国际暗天协会（IDA）发挥着重要作用。国际暗天协会为防止光害，开展了各式各样的工作，其中之一就是认定星空保护区。联合国教科文组织（UNESCO）认定的世界遗产中包括自然遗产和文化遗产。只要还没有受到光害的影响，世界上任何一地的星空也都应该得到保护。遗憾的是，目前联合国教科文组织并没有将美丽的星空环境纳入世界遗产保护对象。

　　于是，国际暗天协会与国际天文联合会（IAU）合作，取代联合国教科文组织，认定那些开展星空保护的运动以及应予以保护的地区。截至2020年，日本国内被认定为星空保护区的仅有西表石垣国立公园（冲绳县）一处。随着防止光害热潮的掀起，相信今后星空保护区的数量一定能增加。

　　2018年，日本国内成立了宙空旅游推进协议会，天文旅游日益受到瞩目。天文旅游是观测天体（星体）之旅、观测日食等天文现象之旅以及参观斯巴鲁望远镜等天体观测设备和天文台之旅的总称。

在海外，天文旅游发达区域包括夏威夷岛冒纳凯阿火山、智利阿塔卡马大区、大西洋加那利群岛、新西兰特卡波湖、纳米比亚纳米布沙漠等地。这些地方都获得了星空保护区认定，并通过条例等限制光浪费。近年来，保护并享受美好星空的文化正不断发展成熟。

天文旅游治愈人类

仰望星空，渐觉心旷神怡。笔者过去多次有过这样的体验，特别是在年轻的时候。梦想破碎、失恋，陷入负面情绪中难以平静时，总有一片星空可以抚慰心灵。另一方面，与恋人、亲友、家人一起仰望满天繁星时，也总能感受到幸福快乐。

不论是一个人仰望星空，同自己的过去和未来对话，还是在满天繁星下与好友彻夜长谈，星空对于生活在现代社会中的我们来说就是心灵的故乡，是不可或缺的存在。

◆ 宙空、宇宙、天空的概念图

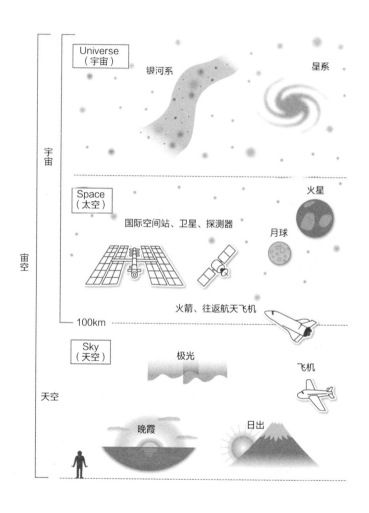

天文旅游为我们创造了与自己或他人对话的完美时间。据说不少人参加完天文旅游后，心灵被星空治愈。日本现在面临人口少子和老龄化加剧、城市人口过度集中等问题，乡村到处都人丁稀少，缺乏活力。如果拥有美丽星空的乡村能够吸引游客，不仅能促进游客与当地人之间的交流，更能为当地带来经济效益，让乡村恢复活力。因此，天文旅游不仅能实现游客、当地人、交通及旅游从业者三方得利，更能增进人们对大自然的宝贵、光害污染及能源浪费的认识和理解，并有望对联合国可持续发展目标的成功实现贡献或多或少的力量。

人造卫星霸占太空的恐怖

不论将来住在哪里，去哪里旅行，人类都很有可能无福享受大自然美丽的星空。这就是人造卫星霸占太空的恐怖。

自1957年苏联发射"斯普特尼克1号"卫星以来，60多年间，人类向太空发射了超过8000颗人造卫星。现在，军用卫星、通信卫星、广播卫星、地球观测卫星、气象卫星等各式各样的人造卫星已经包围地球。就军用卫星而言，除发射国外，其他国家难以知晓其出于何种目的，具备什么性能，内载着什么设备。在此对军用卫星的威胁不做讨论。仅就通信卫星而言，预计将来会出现爆发式的增加。

现代生活中，我们在使用智能手机、互联网时，一旦失去信号，将寸步难行。为了避免这样的情况发生，保障地球任何一个角落都能够消除通信差异，实现高速上网，民间企业向太空发射了大量用于互联网通信服务的通信卫星。

以谷歌公司为代表的众多网络相关企业，正在推行自己的通信计划。其中，埃隆·马斯克率领的美国太空探索技术公司（SpaceX）计划发射多颗通信卫星，备受世界关注。

SpaceX公司推出了"星链"计划，将利用"猎鹰9号"（Falcon 9）火箭，发射总计12000颗卫星。

该计划现已启动。2019年5月24日，首批60颗星链卫星一次性发射升空。这些星链卫星以二等星到七等星的亮度划过天际。人类在仰望夜空时，将看到大量人造卫星，而宝贵的星空将被卫星填充。

一般而言，人造卫星在傍晚和黎明前后的夜空中，通过反射太阳光使自身闪耀，就像飞机一样移动。

◆ "星链"计划卫星

照片提供：Victoria Girgls（挪威天文台）

但是，飞机两翼的灯光时闪时灭，而人造卫星通常不闪烁，并且相较于流星，在夜空中移动的速度更慢。如果人造卫星数量继续增多，不仅将给天体观测带来阻碍，更将剥夺人类欣赏星空的文化和权利。

月球会坠落下来？不会，月球一直在坠落

距地球最近的天体——月球

作为本书第一部分"危险的太阳系"的最后一节，我们来谈谈距地球最近的天体——月球。月球是地球唯一的卫星。昼日为阳，夜月为阴。只有太阳和月球这两个天体，在人类所见的天空中是以面而不是以点的形式出现。在日本，日、月、火、水、木、金、土之所以构成了一个星期的七天[1]，是因为古代人凭肉眼就可以观测到阴阳两

---

[1]　中国古代、韩国、日本、朝鲜称每星期的星期日到星期六分别为：日曜日、月曜日、火曜日、水曜日、木曜日、金曜日、土曜日，分别对应太阳、月亮、火星、水星、木星、金星、土星。

天休，以及水星、金星、火星、木星、土星等五大行星（行星名称来源于中国的五行说，即世界万物均由金、木、水、火、土五种元素构成）。

地球到月球的平均距离为38万千米，恰好是30个地球横向排列成一排的长度。但是，由于月球绕地运行轨道并非标准的圆形，而是接近圆形的椭圆，因此，地月距离最近时为28个地球排列长度，最远时为32个地球排列长度。当地月距离为最近又正好迎来满月，此时的月球被叫作"超级月亮"。超级月亮不是天文用语，指的是当年最大的满月，或是超过某一时刻大小的大月亮。

月球沿着椭圆形轨道运行，与地球之间并非时刻保持相同距离。因此，日食发生时，人类看到的景象有所差异。当日全食出现的时候，处于新月时期的月球划过太阳与地球之间，将太阳完全遮挡。若月球距离地球较近，从地球上看到的月球相对较大。反之，从地球上看到的月球则相对较小。此时看起来较小的月球无法完全遮挡太阳，周边出现一个金环，便形成了日环食。

迄今为止，日全食出现的频率更高，但随着时间推移，日环食出现的次数增加。在遥远的未来，人类有可能无法欣赏到日全食。这是因为月球正在慢慢远离地球。现在，月球以每年4厘米的速度向外侧轨道偏离。反过来说，月球曾经距离地球更近一些。目前，月球环绕地球公转的周期为27.3天，曾经甚至出现过4天公转一周的情况。这与月球诞生的秘密有着很大关联。

大碰撞产生了月球

46亿年前，原始太阳系圆盘的气体和尘粒聚集起来，产生了地球。

此时，一个火星大小的原始行星（约地球半径大小）的运行轨道与地球交叉，即将与地球相互碰撞。这就是大碰撞（Giant Impact）的由来。

撞击地球的行星粉碎后环绕地球公转并急速成长，最终聚集回归为一个整体，形成了月球。

此时，月球在距离地球非常近的轨道上高速公转。

天体间距离近了，潮汐力就会发生作用，像有黏性一样包裹着月球。于是，月球自转速度减缓，环绕地球的公转周期与自转周期趋于一致，形成潮汐锁定。

潮汐力还使得月球公转速度放慢，而公转速度放慢的同时，公转轨道也会向外侧发生偏移。公转太快，会被弹射出去；公转太慢，则被地球吸引而坠落地球。地球和月球之间的距离，与月球公转速度联动，达到一个稳定状态。不过，由于潮汐力一直在发挥作用，月球也逐渐向外侧轨道偏移。

◆ 大碰撞产生了月球

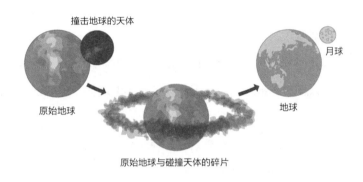

撞击地球的天体

原始地球

原始地球与碰撞天体的碎片

月球

地球

如果月球消失了，地球将失去四季

牛顿通过观察苹果坠落到地面发现了万有引力，但月球不会像苹果一样掉下来。这是为什么呢？因为月球一直环绕着地球公转，换句话说，月球一直在朝着地球的方向坠落。但是，再怎么朝着地球坠落，从一直绕地公转的月球的角度来看，月球永远也不会真正落到地球上。这

艾萨克·牛顿
（1643—1727）

既可以解释为万有引力与离心力相互制约而达到平衡，也可以解释为月球遵循着惯性原则，一直朝着地球的方向坠落。

如果月球消失，会给我们现在的生活带来怎样的影响呢？首先，四季变化将不复存在。地球的地轴与地球公转的极点之间存在23.4度的倾斜。有科学家认为，正是月球大碰撞导致了倾斜。如果真的这样，月球消失了，地轴就不会倾斜，倾斜带来的四季变化也就不会出现，地球将失去斑斓色彩。

候鸟、蝙蝠，以及在大陆之间移动的蝴蝶等昆虫的生活习性将不会出现，地球环境也不会像现在这样一派生机盎然的景象。寒冷的极地地区将更加寒冷，炎热的赤道附近将更加炎热。

此外，受到与月球之间潮汐力的影响，自转速度变慢的不只是月球，地球也一样。如果月球消失了，地球表面将长年刮起高速大风，树木无法笔直生长，我们人类也将难以直立行走。

◆地轴倾斜与四季变化

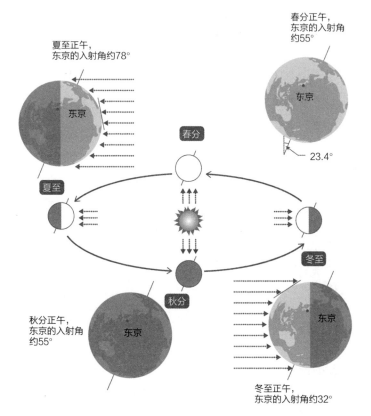

春分正午，
东京的入射角
约55°

夏至正午，
东京的入射角约78°

东京

春分

夏至

东京

秋分

冬至

东京

23.4°

秋分正午，
东京的入射角
约55°

东京

冬至正午，
东京的入射角约32°

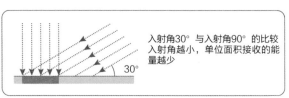

入射角30°与入射角90°的比较
入射角越小，单位面积接收的能
量越少

30°

月球盈亏的周期约为29.5天。很多动植物的生存受其影响，特别是海洋生物，比如珊瑚、海龟的产卵就与月龄息息相关。另一方面，就像狼人传说那样，陆地生物与月球的阴晴圆缺也并非毫无关联。通过在美国佐治亚州萨凡纳市的观察发现，满月前后，也就是月光最明亮的时候，狮子狩猎成功率更高。对某些动物来说，满月意味着今夜危机重重，而对另一些动物来说，满月正是化身"狼人"的绝佳时机。

Part 2

宇宙充满危险：
来自恒星和银河星系的恐怖

宇宙到底为何恐怖？

人类自古以来就惧怕宇宙

人类为什么会觉得宇宙恐怖呢？让我们首先思考一下人类眺望星空时的恐惧感。抬头仰望夜空时，一些人会感动于满天繁星的绚烂，也有不少人因为星空本身而感到恐惧。

还有一些人则担心星星会不会坠落，自己会不会被浩瀚无垠的宇宙吞噬。如果懂得些天文学知识，至少能减轻一些这方面的担忧。但是，当你一个人站在杳无人烟的地方一直凝视夜空时，本能产生的对黑暗的恐惧却无法消除。仔细想想，我们害怕的并不是星空，而是地面的黑暗。

在本书的第一部分主要介绍了地球及其周边的宇宙

（太空）会带来的可怕之处。

　　地球与其他的行星、小行星、彗星一起，环绕太阳公转。现在，人类正计划朝着地球唯一的卫星月球，以及地球的行星邻居火星进发。自1957年"斯普特尼克1号"人造卫星进入宇宙空间以来，数量众多的人造卫星突破地球大气层，翱翔于太空。自20世纪末起，人类就已经开始常驻于距离地表400千米高度的国际空间站。

　　借助无人探测器，自20世纪60年代起，人类开始了对太阳、行星、小行星、彗星的勘测。太阳系正是我们人类赖以生存的环境。今后，太空开发与太空探测也将持续推进。

　　太空的恐怖之处在于真空和无重力。换句话说，正因为太空环境与地表环境截然不同，所以人类对太空的恐惧，其实就是对自身生存的恐惧。想象一下，如果置身于太空却没穿宇航服，害怕窒息，害怕身体无法动弹，害怕由于声音无法在真空中传播而听不见任何动静，害怕遭受宇宙放射线曝晒。只是想一想，心底就会被各式各样的恐惧感淹没，更何况还要担心驶向宇宙空间时必须乘坐的巨型航天器，即火箭的安全性。不过，也正因为如此，我们才会佩服那些勇于挑战艰难险阻的宇航员，为他们加油助威。

浩渺宇宙的恐怖

在第二部分，我们仍然要说一说宇宙中恐怖的天体和天文现象。不过，这部分内容中的宇宙不是作为"Space"（太空）的宇宙，而是作为"Universe"（宇宙）的宇宙。

地球是太阳系的第三颗行星，而太阳系则隶属于直径超过10万光年的巨大星系——银河系。1光年指的是光在真空中沿直线行进1年的距离，约9.5万亿千米。从太阳到太阳系边缘的奥尔特云为止，太阳系半径才不到1光年，而要想横跨整个银河系，则需要跨越10万光年以上的距离。

银河系在宇宙中，算是标准尺寸的星系了，但并非大尺寸星系。据估计，在银河系中，像太阳这样依靠核聚变发光的恒星，至少存在1万亿个。相应地，围绕这些恒星公转的太阳系外行星的数量，也非常庞大。

银河系的构造为扁平旋涡状，是一种被称作"螺旋星系"的星系。

◆ 浩渺宇宙

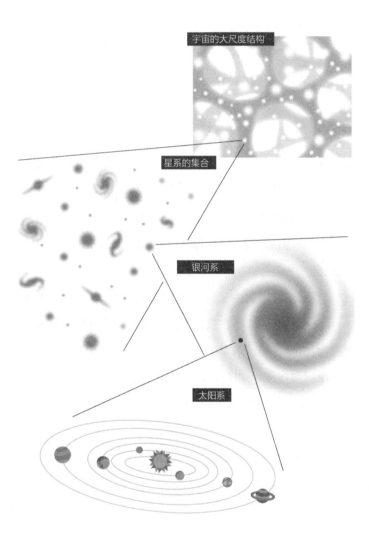

宇宙的大尺度结构

星系的集合

银河系

太阳系

◆ 银河系

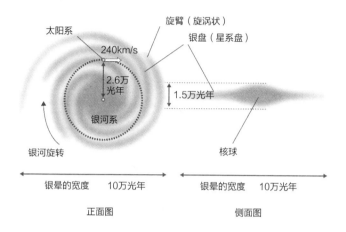

宇宙由星系构成。就像一个个细胞是构成我们人体结构的基本单位一样，宇宙也是数千亿个以上星系的集合体。人类居住的宇宙诞生于138亿年前的大爆炸，现在仍在持续膨胀。目前，人类能够观测到138亿光年外的宇宙边际，这也是宇宙诞生后呈现的姿态。

读到这里，相信已经有读者朋友为宇宙的浩瀚无垠而感到恐惧。即使不至于觉得恐惧，对宇宙也喜欢不起来，或者因为觉得不了解宇宙而感到不适。这大多是由于大家还没有理解好上文介绍的宇宙整体结构、与我们人类居住的地球之间的关系。

　　本书第二部分将通过介绍宇宙中存在的各种天体现象，尽可能帮助大家消除对宇宙的恐惧与不适。第三部分将介绍宇宙整休的历史和未来，揭秘宇宙论的世界。

接近黑洞会怎样？

可怕的黑洞充满谜团

对一般人而言，黑洞是一种令人捉摸不透的可怕天体。黑洞是宇宙中实实在在存在的天体。可能因为命名过于华丽——宇宙中的"黑色洞穴"，单凭这个名称，黑洞就足以刺激人类的想象。

阿尔伯特·爱因斯坦
（1879—1955）

卡尔·史瓦西
（1873—1916）

因为重力太强，连光都可以吞噬，这就是黑洞，一种令人费解的天体。黑洞猜想最初被提出的契机，源于著名物理学家爱因斯坦于1915年发表的广义相对论。翌年，德国科学家史瓦西预言了黑洞的存在。

◆ 史瓦西预言了黑洞的存在

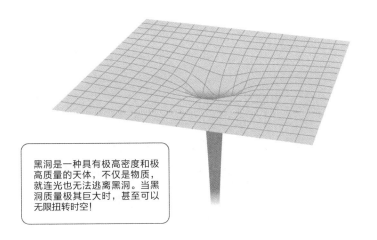

黑洞是一种具有极高密度和极高质量的天体，不仅是物质，就连光也无法逃离黑洞。当黑洞质量极其巨大时，甚至可以无限扭转时空！

　　人类生存的宇宙空间内已经发现了许多黑洞，它们大致可以分为以下两类：

　　其一，夜空里闪烁的恒星中，质量为太阳30倍以上的恒星经过超新星爆发后，通常会形成黑洞。天鹅座X-1就是典型代表。关于为什么会形成这样的黑洞，随着对恒星演变过程研究的深入，人类大体知道了答案。下一小节将对此做具体介绍。

另一种黑洞类型，则充满谜团。银河系中心就发现了质量极其巨大的黑洞。

成功拍摄到超大质量黑洞阴影

2019年4月10日，历史性的新闻发布会在这一天举行。日本还处于深夜时，世界六地同时召开新闻发布会。发布会上，国际共同研究小组"事件视界望远镜"项目团队（EHT Collaboration）公布了其拍摄到的位于银河中心的超大质量黑洞阴影照片。这是人类史上首次成功拍摄到包围黑洞的光子球的模样。日本天文学家也参与了该项目。4月11日，世界各国报纸头版头条都被这条新闻占据。上一次天文学的新闻受到如此重视，还是2016年2月，人类在两黑洞融合时首次捕捉到来自宇宙的引力波。

公布的这张照片，其实并不是黑洞本身，而是人类首次亲眼见到的黑洞的阴影（包围黑洞的光子球）。照片中的黑洞位于室女座超巨椭圆星系M87中心，距离地球5500光年。通过对黑洞喷流的确认，人类其实早已知道M87星系中心存在着这一超大质量黑洞。但不得不说，人类首次拍摄到光子球，实在是一大快事。

而且，通过对照片中黑洞阴影的解析，科学家还发现这个黑洞的质量竟然是太阳的65亿倍之多。

M87星系，乍一听，似乎不怎么耳熟，反而M78星系听起来更顺耳一些？没错，M78星系正是奥特曼的故乡。奥特曼虽然只是科幻作品中的人物，但已然成为人尽皆知的英雄。经与构思并打造出奥特曼相关作品的公司株式会社圆谷制作确认，据说原本设定奥特曼的故乡为M87星系，但由于偶然间的脚本誊写错误等原因，两个数字颠倒，变成了M78。与我们人类居住的银河系以及熟悉的邻居仙女星系M31相比，M87星系的体积要庞大得多。也正因为如此，人类才能成功拍摄到黑洞阴影。

"事件视界望远镜"项目团队集结了200名左右的研究人员，致力于捕捉黑洞的事件视界（Event Horizon，即光无法逃逸的黑洞边缘）这一野心十足的研究。

早在2017年，项目团队同时操作分布在世界各地的8台射电望远镜，借助波长为1.3毫米的极高频电磁波，成功捕捉到了黑洞阴影。2019年的这场发布会上，公布的其实是2年前观测数据的解析结果。

这些用于观测的射电望远镜分布在南极、智利（阿塔卡马探路者实验望远镜等）、美国（亚利桑那州和夏威夷）、墨西哥、西班牙等地。其解析能力之高，能够从地球上看清放置在月球上的棒球。如果与人类视力做比较，项目团队的望远镜可以说是拥有一双300万倍视力的超乎想象的"火眼金睛"。

◆EHT团队捕捉到的黑洞阴影

照片提供："事件视界望远镜"项目团队

在此之前，人类之所以没能成功拍摄黑洞，是因为缺少阿塔卡马探路者实验望远镜的参与。2017年，阿塔卡马探路者实验望远镜的加入，令望远镜阵营整体聚光能力大幅提升。

不过，即便是通过EHT团队，要想拍摄到位于银河系中心、质量为太阳400万倍的黑洞的照片，望远镜的感光度也才勉强达到及格线。目前，相关解析工作仍在继续，相信银河系中心黑洞阴影照片问世的那一天，很快就会到来。此外，EHT团队还对位于M104星系中心以及半人马座A星系中心的黑洞进行观测。

◆ "事件视界望远镜"分布图

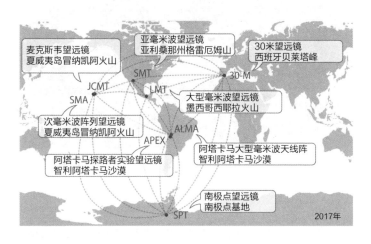

麦克斯韦望远镜
夏威夷岛冒纳凯阿火山

亚毫米波望远镜
亚利桑那州格雷厄姆山

30米望远镜
西班牙贝莱塔峰

SMT

30-M

JCMT

LMT

SMA

大型毫米波望远镜
墨西哥西耶拉火山

次毫米波阵列望远镜
夏威夷岛冒纳凯阿火山

ALMA

APEX

阿塔卡马探路者实验望远镜
智利阿塔卡马沙漠

阿塔卡马大型毫米波天线阵
智利阿塔卡马沙漠

南极点望远镜
南极点基地

SPT

2017年

来源：（"事件视界望远镜"项目团队）https://www.nao.ac.jp/news/sp/20190410-eht/images.html

我们居住的银河系也有超级大黑洞

这次希望大家注意，照片里拍摄到的并不是黑洞本身。画面中的明亮部分（光子球）内侧约五分之一半径大小的地方，叫作"事件视界（Event Horizon）"，黑洞就在它的内部。事件视界是黑洞表面（黑洞中心到事件视界的距离叫作史瓦西半径）。

通过电磁波观测发现，光子球之所以看起来像是包围着黑洞，是因为接近黑洞的电磁波中，一部分即将被黑洞吞噬的电磁波受到黑洞重力影响，行进路线出现扭曲，于是，面向地球一侧的光子集合看起来就像一束。在黑洞半径5倍左右距离的区域，光子极度扭曲并聚集起来，形成光子球，呈球壳状包围黑洞。

虽然这次公布的照片，是人类史上首次实现对银河星系中心超大质量黑洞的光子球的成功拍摄，但人类早已通过其他各种方式，确认了黑洞的存在。例如，通过射电望远镜，解析银河星系中心的旋转运动。日本国立天文台野边山宇宙电波观测所，就通过1982年建设的45米口径毫米波射电望远镜，发现了黑洞。同样是借助该望远镜，国立天文台的科学家三好真、中井直正、井上允于1995年，发现了2300万光年外的螺旋星系M106星系中存在质量为太阳

3900万倍的超级大黑洞。

这是人类首次在银河系以外的遥远星系中心发现超大质量黑洞。

三好教授细致观测M106星系中心时发现，距水脉泽辐射谱线位置几乎相同距离的地方，存在2个电磁波高峰。这是该星系中心超高速旋转（多普勒效应）造成的谱线错位。通过星系中心的旋转速度，可以计算出中心物体的重量（开普勒第三定律）。这里引发旋转的物体，正是黑洞。

以同样方式，人类发现了银河系中心质量为太阳400万倍的超级大黑洞。

接近黑洞会怎样

让我们把话题转回前文介绍过的质量为一般大小的黑洞，聊一聊质量为太阳30倍以上的恒星的生命最后姿态——黑洞。人类为什么可以发现连光都能吞噬的黑洞呢？这是因为1971年至1972年，人类持续观测的天鹅座X-1恰巧是一组包含黑洞的双星。双星由两颗绕着共同的中心旋转的恒星组成。宇宙中，双星的数量较多，像太阳这样单独的恒星，反而是少数。因此，双星并不是什么特殊的天体。由于宇宙放射线会被地球大气吸收，在进行X射线天文学研究时，太空望远镜不可或缺。

20世纪70年代初，科学家利用X射线太空望远镜搜索整个宇宙时，发现天鹅座X-1中存在能量强大且密度较高的X射线源。

◆ 世界上最早发现的黑洞：天鹅座X-1

黑洞

恒星

双星的其中一颗是质量为太阳10倍左右的黑洞

正因为这是天鹅座中能量最大的X射线源，因此得名天鹅座X-1。经过进一步详细调查，科学家发现，该X射线源中有一个恒星，并且这颗恒星一边环绕一个看不见的天体周围公转，一边释放X射线。经推测，这个看不见的天体就是黑洞，距离地球约6000光年。

此后，科学家发现，银河系内也存在像天鹅座X-1一样组成双星的"黑洞候选"，不过这些黑洞都距离地球数千光年以上，不存在地球以及居住在地球上的人类被吞噬的危险。

幸运的是，太阳系附近没有黑洞。所以，人类大可安心生活。

可是，如果接近黑洞，会发生什么呢？不少人对于这个疑问，肯定展开了想象。在此，笔者想推荐影片《星际穿越》（*Interstellar*）。这是一部2014年上映的科幻题材电影巨作，因首次发现引力波而获颁2017年诺贝尔物理学奖的理论物理学家基普·S·索恩也参与了影片制作。影片中，宇航员穿越黑洞时进入其他宇宙次元，最后成功生还。当然，这在现实中应该是无法实现的。

基普·S·索恩
（1940年出生）

黑洞是一种重力极强的奇点，仅仅接近其周围，就会受到强大潮汐力的影响。就像潮涨潮落一样，我们的体内也像涨满了潮水，在强大引力作用下被强制拉伸。

越接近黑洞，身体就被拉伸得越长，最终分解为基本粒子，排成一列，被黑洞吞噬。

同时，正如相对论指出的那样，接近黑洞的话，其强大引力将减缓时间流逝。抵达奇点时，时间的概念也将不复存在。

超新星何时爆发？

古代文献中记录的超新星爆发

日本平安时代1054年的一个白天，天空中突然闪现一颗异常明亮的"客星"，引发京都骚动。这一事件在京都街头巷尾广为流传。到了镰仓时代，当时的一代学者，也是著名诗人的藤原定家（1162—1241），将此事件作为历史记录，写进了《明月记》。《明月记》作为非常重要的文化遗产，作者亲笔原稿的大部分现已成为日本国宝，并被日本天文学会于2019年认定为第1号日本天文遗产。

1054年现身的客星，在金牛座牛角的位置出现。这一现象，在现在被称作超新星爆发（Supernova）。1054年爆发后产生的残骸，之后一直在宇宙空间扩散。我们可以通过天文望远镜观测，也可以通过天文照片欣赏到（见下页图片）。图中细长纤维状结构的天体就是M1星系，也被俏皮地称作"蟹状星云"，是超新星爆发残骸的典型代表。

◆蟹状星云M1

照片提供：日本国立天文台

◆环状星云M57

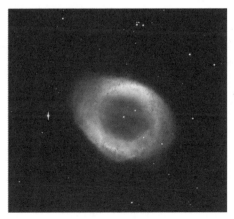

照片提供：日本国立天文台

太阳的末路——行星状星云

上页图片，展示了一种叫作环状星云（天琴座M57）的行星状星云。据推测，50亿年后，太阳也将变成这样的行星状星云。也就是说，环状星云就是太阳这样的恒星走向死亡时的形态。蟹状星云与环状星云的区别，源于原本恒星的质量差异。换而言之，质量重的恒星与质量轻的恒星，其生命终止的方式并不相同。质量重的恒星，最终发生超新星爆发；质量轻的恒星，则缓慢溶解到宇宙空间中，变成行星状星云，最终，其核心部分变成白矮星。

人们一直认为，平均每100年就能目击到银河系内出现超新星爆发，但是实际上，自1604年，天文学家开普勒观测到超新星以来，人类就没有再目击到银河系内的超新星爆发。[1]另一方面，关于其他遥远的星系内出现的超新星爆发，由于星系数量实在庞大，每年可以观测到数百个。

不过，这些基本上都只能借助哈勃太空望远镜、斯巴鲁望远镜这种大型天文望远镜才能观测得到。也不知用

---

[1]　1987年，从地球的南半球目击到银河系的伴星系大麦哲伦星云内出现了超新星爆发。（作者注）

肉眼就能欣赏到的、以客星形式出现的银河系内超新星爆发，什么时候再次出现。

我们能目击到超新星爆发吗

参宿四（猎户座α星）很可能正在发生超新星爆发。冬日勇士猎户座左肩的一等星参宿四，在古代日本被称作平家星，现在正处于红超巨星阶段。其核心部位的氢元素不足，核心周围正发生核聚变反应，是一颗不稳定状态下发光的老年恒星。天文学家认为，参宿四的生命终结将至，将来随时都可能发生超新星爆发。不过，地球距其640光年，如果它在室町时代（1336—1573）就已爆发，那么，说不定今晚它已经成为超新星，人类在白天也能目睹它释放的耀眼光芒。如果它现在爆炸，就该轮到640年后的人类惊叹于它的靓丽姿态了。

太阳到地球的距离约1.5亿千米。光在宇宙空间（真空中）以每秒30万千米的速度行进，带来时间差。

这就意味着我们现在看到的太阳其实是8分19秒前的太阳。所以，即使太阳现在爆炸，我们也只能在8分19秒后察觉。

2019年12月，参宿四突然急剧变暗，登上热门话题。

通常来说，参宿四在猎户座中格外明亮。就在当时，其亮度突然降到了二等星水平。于是，性急的人们猜想，这该不会是超新星爆发的前兆吧？其实，参宿四原本就是一颗亮度不稳定的变星，以前也多次出现过亮度降低的情况。不过，这也从另一方面说明，参宿四受到了人类非常密切的关注。

像参宿四这样距离地球数百光年以内，并且将要发生超新星爆发的恒星，其实还存在好几个。那么，如此近距离的恒星一旦发生超新星爆发，将给地球带来怎样的危害呢？

超新星爆发的瞬间，也是宇宙中各类元素生成的瞬间。在比太阳光还明亮10亿倍以上的这一爆炸瞬间，恒星中的元素与其他元素交相融合。其后，既有星体全部被吹散的情况，也有核心部位残存中子星的情况。如果该恒星本身质量较大，其核心部位还可能形成黑洞。然而直到现在，关于超新星爆发的机制，仍存在不少尚未探明的地方。不过可以肯定的是，爆炸瞬间释放的放射线的强度，绝对不可小觑。

38亿年前诞生于地球的我们这些生命，曾多次经历过生命大灭绝。最近一次大灭绝，众所周知，发生在6600万年前的中生代白垩纪末期，是一颗直径10千米的小行星或彗星撞击地球引发的。此时，不只是恐龙，地球上的约66%的物种彻底消失。

4.44亿万年前的古生代奥陶纪末期，也发生过一次物种灭绝。当时，海洋中繁衍生息的珊瑚、鹦鹉螺以及三叶虫等节肢动物几乎全部灭绝。据推测，当时海洋无脊椎动物57%的属完全灭绝。而经分析，引发这次生命大灭绝的原因，正是临近地球的恒星发生了超新星爆发。由于时代过于久远，现在无法得知具体是哪一颗恒星爆炸，但有研究人员指出，很有可能是爆炸带来的大量宇宙放射线，特别是 γ 射线，导致了灭绝。理由如下：

在对阿根廷一处溪谷的地层进行调查后发现，比4.44亿万年更早的远古地层中，同时可以挖掘出深海生物化石和浅海生物化石。但是生命大灭绝后的地层中，只能挖掘出深海生物化石。这就意味着只有浅海生物受到了大灭绝的影响。究其原因，抵达深海前就被海水吸收殆尽的放射线比较吻合。这些放射线既有可能是太阳释放的最强超级耀斑引发的，但也可能是太阳系内发生了超新星爆发，从而带来放射线强烈辐射造成的。

那么，如果参宿四发生超新星爆发，是否会导致我们人类灭亡？答案在下一节揭晓。

γ射线暴导致生物大灭绝

超超新星爆发带来可怕的γ射线暴

如果4.44亿年前古生代奥陶纪末期有可能出现过的超新星爆发再度降临，不排除远超人类致死量的γ射线袭击地球的可能。这就是质量较大的恒星发生超新星爆发时引发的恐怖现象——γ射线暴。

γ射线暴是美国核试验探测人造卫星"薇拉"于1967年发现的γ射线突发现象。数秒至数小时间，γ射线爆发式地释放出来。目前为止，所有的γ射线暴都出现在银河系外星系，其规模相当于宇宙最大级别的能量释放。如果恒星的质量极大，则会引发超超新星爆发（Hypernova）。由此引发的γ射线暴中，γ射线以光束状喷薄而出。

◆ γ射线暴设想图

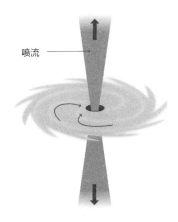

喷流

γ射线暴爆发时，γ射线并非朝着四面八方散射，而是如图示那样，在恒星自转轴偏离2度的范围内，呈光束状喷射。

如果地球不巧处于2度范围内，后果实在是不堪设想，但好在参宿四的自转轴与地球之间存在20度左右的偏差，所以即使参宿四发生γ射线暴，γ射线也不会抵达地球。此外，很多天文学家表示，参宿四质量仅为太阳的20倍左右，就算发生爆炸，也不可能出现能量最强的超超新星爆发。

总之，即使参宿四最终发生超新星爆发，人类也不会因γ射线暴灼伤致死，这种恐惧可以消除了。但是，预计在不久的将来，即将发生超新星爆发的恒星，可不止参宿四一个。

太阳质量30倍以上的巨大恒星，都有可能发生超超新星爆发，并引发强烈的γ射线暴。根据近年来观测，γ射线暴不仅出现在超超新星爆发之时，在中子星相互碰撞合体等天文事件发生时，也有可能出现。由于γ射线暴以光速抵达地球，人类难以做到提前预警并避难防护。

虽然观测那些存在潜在威胁的恒星的变光情况等，是一项非常基础性的工作，但是人类必须进行细致认真的天体观测。当然，理论研究也非常重要。建立超新星爆发（特别是超超新星爆发）以及中子星合体的原理、机制等物理模型，同样是天文学研究的重要课题。

必须赶紧建立超超新星爆发和中子星合体的理论模型！

我太忙啦！

外星人会攻击地球吗？

宜居带（Habitable Zone）内与地球类似的行星

很早以来，人类就设想过宇宙中存在外星人。例如，公元前4世纪的古希腊哲学家伊壁鸠鲁（前341—前270）在其撰写的书简中，写下："一切世界里都有我们这个世界见到的生命。"换而言之，他认为地球并非宇宙中的独特星球。

外星人深深吸引着人们，不只是哲学家和科学家，也不仅仅限于科幻小说或科幻电影。但是，不可思议的是，在文明发祥、天文学启蒙已逾数千年，望远镜发明已逾400年，人造天体直接勘探地球大气层外太空及其他行星已逾60年的今天，在地球之外，人类连细菌这样的微生物都没有发现，更别说发现外星人（智慧生命）了。

但是另一方面，1995年以后，太阳系外行星（Extrasolar Planet）不断被发现，现在数量已经超过4200个。

人类早期发现的太阳系外行星，大多是直径为地球数倍以上、像木星那样的巨型气态行星。但是，随着研究深入，人类开始在宜居带内发现地球大小的、表面被海洋覆盖的行星。

"宜居（Habitable）"，即适宜居住。天文学家将与恒星保持适当距离、水以液态形式存在于地表的行星运行范围，叫作宜居带。

◆ 每年发现的太阳系外行星的数量变化

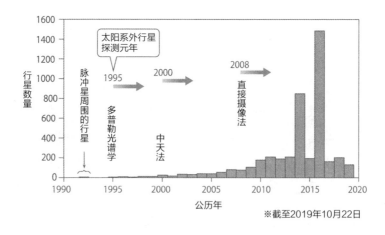

※截至2019年10月22日

◆ 开普勒卫星在宜居带内发现的岩质行星

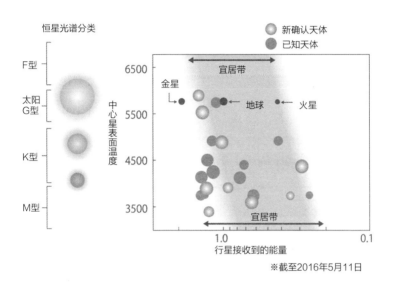

※截至2016年5月11日

　　现在，人类已经观测确认了20多个位于宜居带、可以被称为"第二地球"的岩质行星。从开普勒卫星发现的4200多个天体当中，才找出20多个，这一数字实在少得可怜。这是因为即便发现了太阳系外行星，能够同时知晓其直径与质量，并推测出密度的行星并不多。相关数据较明显，且有可能存在生命的"地球候补选手"，暂时只发现了这20多个。

寻找地球外生命的痕迹

然而，即使用上了先进的斯巴鲁望远镜等大型望远镜，以及哈勃太空望远镜等太空望远镜，要想观测到地表有水，甚至有动植物等生命存在的星球，仍然显得力不从心。

人类需要更大型的望远镜，以进行生命探索。2020年至2030年，用于确认生命存在的下一代超大型望远镜将逐一完工，专门用于搜寻生命的太空望远镜建设也已列入计划。如果足够幸运的话，今后10年至20年间，人类很有可能找寻到地球外生命存在的确切证据。当然，这不是天文学家独享的浪漫，很多普通人也一起描绘着这一梦想，支持着天文学的发展。

但需要注意的是，即使发现了地球外生命，也不意味着就发现了外星人。我们尚未明确，在地球之外，像人类这样的智慧生命是以怎样的频率、又在怎样的条件下产生。对于智慧生命的生存时期，也存在疑惑。人类能够被称为"智慧"，或者说达到有意愿沟通的"智慧"程度，难道不是在46亿年的地球历史中，在约700万年的类人猿历史中，又或者在数千年的文明史中，甚至仅仅在这数百年间才出现的吗？现在，人类每天都在忧愁地球文明有朝一日会崩溃。全球气候变暖与人口增长带来水资源、粮食与能源的枯竭，引发核战争与核事故，导致贪婪资本主义与自我优先主义人群的增加，人类面临着各式各样的问题。不仅是人类，如果宇宙中存在的众多外星人（智慧生命）的生存时期也很短的话，那么，我们在无法倒流的宇宙时间轴上，即使发现了外星人的痕迹或化石，也不可能见到活着的外星人。

太阳系外行星比邻星b上有智慧生命吗？

假设银河系中，有一个接近太阳系的恒星，在围绕其公转的行星上生活着外星人。那么，这些外星人会进攻地球吗？其实，人类已经通过发射探测器，得知包括太阳、水星、金星、火星、木星、土星、天王星、海王星以及一些小行星和彗星在内，太阳系内不存在其他智慧生命，距太阳系较远的冥王星以及更远的小行星上，也没有智慧生命。但不可否认的是，火星、木星以及土星的卫星上，还是具备发现细菌等简单结构生命体的可能。

与太阳系最接近的恒星，是半人马座α星。半人马座α星位于南半球上空具有代表性的南十字星旁侧，是一个发出一等星光亮的恒星。从位于北半球的日本可能难以观测得到这颗恒星。

对半人马座 α 星进行详细调查后发现，它不像太阳那样是一个单独的恒星，而是三个恒星相互环绕的三连星。现在，离太阳系最近的恒星是半人马座 α 星c，或者说，是一个叫作比邻星的红矮星。红矮星比太阳质量小、亮度低、表面温度低，是一种发出红光的恒星。地球距离比邻星4.2光年。2016年，人类在比邻星的宜居带里发现了地球大小的行星。这颗太阳系外行星就是比邻星b，其重量为地球的1.3倍，位于距离比邻星750万千米的轨道上，公转周期为11.2天。因为比邻星b位于宜居带内，其地表说不定还存在液态水。不过，由于比邻星是一个偶尔发生超级耀斑的危险恒星，同时又是红矮星，而且与比邻星b距离较近，因此，在比邻星释放的强烈放射线的影响下，比邻星b上究竟能否诞生生命，现在仍受到质疑。

让我们紧闭双眼，大胆做梦，就当这个星球上存在赛亚人，或是存在与人类智慧相当甚至超越人类智慧的外星人吧！那么，他们会进攻地球吗？答案是不会。因为4.2光年的距离，对于有血有肉的生物来说，实在是遥不可及。

◆ "旅行者"号探测器

　　人类于1977年发射了"旅行者"1号和2号探测器。这两艘无人宇宙飞船，搭载着人类发送给外星人的信息。距离地球最远的人造飞行器"旅行者"1号，与地球相隔150个天文单位。天文单位（au）是太阳系内的距离尺度，太阳与地球之间的平均距离1.5亿千米为一个天文单位。

◆ "旅行者"1号、2号探测器的位置

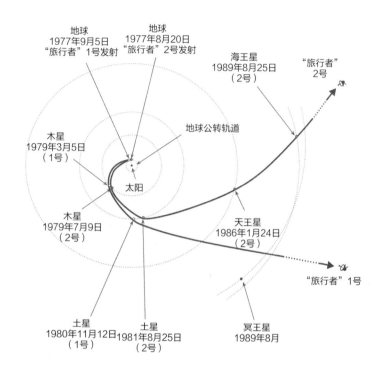

"旅行者"1号已经在太阳系内航行了40年以上，但仍然只飞离地球大约200亿千米，距离太阳系边缘还有1万亿千米以上的航程。1光年为9.5万亿千米，地球与比邻星之间距离为40万亿千米。就算"旅行者"1号朝着比邻星b笔直前进，从地球出发，也需要8万年时间。即使比邻星b

上存在外星人，且科学技术发达，但是毕竟作为生物，其寿命会受到限制。而且，既然是生物，其身体大小就必定有限值。如果存在寿命长达数万年的智慧生命，实在是超乎想象，也不具有现实意义。

万一比邻星b星人文明比人类文明先进呢

但是，万一比邻星b上的外星文明比人类文明先进，能够从有机物构成的肉身转变为AI（人工智能）这种以硅元素为中心的计算机生命，实现自我增殖与新陈代谢呢？这种可能性也不是不存在。他们进行太空旅行时，可以关闭开关，打开计时器，免受数万年旅行之苦。只是，比人类还聪明的外星人漫无目的地造访地球，甚至故意假装乘坐UFO，仅仅是为了吓唬吓唬地球人，实在是毫无意义。

他们应该不会漫无目的，或者仅仅是为了吓唬地球人而造访地球。

不过，他们很有可能正在收听4.2年前地球上的电视节目或广播。因为人类利用卫星通信等进行信号传输，来自地球的电磁波同时也被卫星发射到了宇宙空间。电磁波与光一样，能够在宇宙中以每秒30万千米的速度传播。如果比邻星b上的外星人也在用超高感度的大型射电望远镜

（碟形天线）观测地球的话，他们就可以通过微弱信号，收看到NHK（日本放送协会）红白歌会和世界杯联盟式橄榄球赛了。换句话说，他们现在可能正在观赏日本著名橄榄球选手五郎丸步的精彩比赛，但是还不知道2019年日本召开的大赛中，五郎丸步晋级八强。当然，他们收看到的红白歌会也是4年多前的。

　　既然外星人不进攻地球，不如我们向他们派出无人侦察飞船吧。现在，人类正计划向距离地球最近的比邻星b（4.2光年）发射小型探测器。该项目也叫作"突破摄星"计划，是一个民间项目。

◆ **"突破摄星"计划**

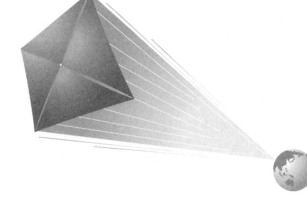

在这个充满"野心"的计划中，人类将运用纳米技术，在邮票大小的小型芯片内植入高感度相机、计算机以及自主控制装置等设备，用20年时间，将芯片送至比邻星b。

为什么光和电磁波需要花4.2年，火箭需要花数万年时间的航程，而该计划只需要20年就能抵达呢？这就不得不说将宇宙飞船制成邮票重量的好处了。

在地表发射的强烈光束（辐射压）的作用下，邮票大小的宇宙飞船有可能被加速到光速的20%左右。这里运用到的就是太阳帆飞船技术。

虽然目前还不知道这一计划究竟能否成功实现，但是推进计划的民间力量，计划用20年革新技术，再用20年将飞船送至比邻星b。通过电磁波，相关数据和画面将在4.2年后传回地球。这也就意味着，如果项目成功实施，今后50年内，人类就能看到飞船直接拍摄的比邻星b的照片了。

在那里，又有怎样的世界在等着我们呢？

5000多年来，人类持续解读着宇宙这篇"自天而来的文章"。现在，轮到我们向宇宙送出信笺——这台邮票大小的超小型探测器。相信不论是谁，都会为此计划而感到不可思议且有所期待吧。

膨胀的太阳会吞噬地球吗？

太阳系的终点也是地球的终点

研究星体和宇宙，并不等同于隔绝人世。观测宇宙时，人们会不由惊叹，"地球真美啊！"同时，也会觉得，在浩瀚宇宙中，地球的存在本身就是一个奇迹。宇宙是怎样的呢？其他星球上也有生物吗？生命是如何出现在宇宙中的呢？天文学将从根源上为大家解答这些疑惑。

一旦消除了这些疑惑，我们每一个人一定能为自己的人生与思想，为社会的发展方向，找寻到正确答案。大家读到这里，想必都注意到了，与我们这些生活在地球上的生命一样，宇宙繁星也都有着各自的一生，终将迎来各自的生命终点。

夏威夷岛冒纳凯阿火山（海拔4205米）的山顶上，

聚集着世界上具有代表性的大型望远镜。日本技术的结晶——斯巴鲁望远镜，也于1999年建造于此。

让我们再次回顾一下斯巴鲁望远镜拍摄到的1054年发生超新星爆发的恒星的最后面貌（详见99页）。质量大于太阳的这颗恒星，在超新星爆发后，结束了一生。

好在像太阳这样的普通恒星，不会发生超新星爆发。太阳现在的年龄是46亿岁。在太阳预计100亿年的生命中，46亿岁相当于人类中年。恒星的寿命由质量决定，质量越轻越长寿。太阳算是恒星中的长寿星了。

那么，如果太阳迎来100亿岁，会发生什么呢？太阳将缓慢膨胀，被行星状星云包围，之后缓慢解体，燃烧残余火焰，其核心变成种子一样的小型白色恒星（白矮星）。

恒星迎来生命终点时，将向宇宙空间释放气体和尘粒。这些气体和尘粒将再次聚集，脱胎变成新的星体，并且通常会变成行星。

如果恒星质量较重，在发生超新星爆发后，该恒星将变成中子星或黑洞。爆炸中将形成多种多样的元素。我们的身体由氧、氢、碳、氮、铁、磷、硫等多种元素构成。这些元素或由星球本身产生，或由超新星爆发后的中子星合体等反应产生。如果没有超新星爆发，我们生命也不可能存在。

◆恒星的一生

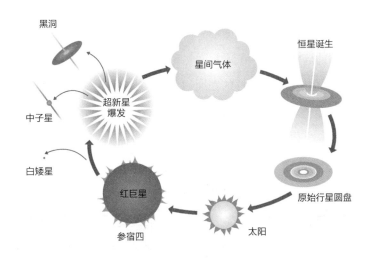

138亿年前，宇宙在大爆炸后产生，经过无数次超新星爆发后，于46亿年前形成了太阳和地球，也就是我们居住的太阳系。

从元素的角度来看，我们可以说都是"星星的孩子"。46亿年前，我们作为元素，在太阳系诞生，与宇宙建立了密切联系。

如果太阳变得不稳定，地球上的生命将难以生存

以人类年龄换算的话，太阳正处于40多岁的壮年期。太阳实际已经46亿岁了，与人类等地球生命相比，显得格外长寿。理论上来说，太阳将持续发光发热，直至100亿岁左右。但是，目前尚无确凿证据表明太阳能够一直保持同样的亮度和稳定度。

大约50亿年后，太阳将演变成红巨星，成为一个反复进行不规则变光、放射线释放不稳定的恒星。此时，来自太阳的巨大能量，将导致地球表面温度升高，加之不稳定的太阳放射线的影响，地球将成为生命无法生存的死行星。

活动不稳定的晚年太阳表面将经常出现爆炸现象，现在的稳定环境将成为历史。到那时，地球上的生命要面对的不只是不稳定的太阳放射线的威胁，还有更大的危机。随着太阳逐渐膨胀到金星的轨道附近，为了保持与太阳之间的重力平衡，与现在相比，地球将更加远离太阳。此时，地球无法像现在这样充分接受太阳能量，平均温度将降至零下。

这样一来，地球环境与现在相比，将发生翻天覆地的变化。海洋干涸，地球内部逐渐冷却，外核由液态转为

固态，"地球发电机"机制受损，地球磁场的大气屏障消失，地球将变成像火星一样的被冰冷稀薄的大气覆盖、没有磁场的死行星。

我今年已经46亿岁了，不能永远保持现在的状态。

胖墩墩

太阳不稳定的话，后果不堪设想……

宇宙也是一片漆黑？暗物质之谜

宇宙空间一片漆黑

仰望夜空，不少人会沉醉于满天繁星的灿烂，也有一些人会为星星之间的深邃黑暗而感到恐惧。的确，对于人类来说，黑暗是激发恐惧心理的瞬间，因为人类本能地厌恶黑暗，喜爱光明。

宇宙空间确实是一片漆黑。在地球上，我们之所以能够在明亮的白昼下生活，是因为地球大气将太阳光散射至四面八方，点亮了天空。

在没有大气包围的邻居月球上，白天在太阳光的照射下，月球表面光亮耀眼。但是，站在月球上仰望天空，却只能看见光点一样的太阳，天空整体暗淡无光。此外，从飞行在星体之间的宇宙飞船上看到的光景，可能与从地球表面遥望星空时看到的一样，都是满天繁星，但不同的是，驾驶舱外的风景正如想象的那样，是一片深邃的黑暗。

对于不适应黑暗的人来说，这样的太空旅行不啻于一场苦行。

宇宙空间就是这么一个黑暗的世界，但就是在这个黑暗的世界中，潜藏着备受关注的暗黑物质与暗黑能量。暗黑物质通常被叫作"暗物质"（Dark Matter），暗黑能量通常被叫作"暗能量"（Dark Energy），二者支配着宇宙。由此可见，宇宙是个名副其实的"黑暗世界"。

神秘的暗物质与暗能量究竟在哪里？

早在20世纪30年代，人类就预测到神秘暗物质的存在。它与普通物质一样，能相互产生重力影响（无论是暗物质与普通物质之间，还是暗物质相互之间），但完全不释放电磁波。此外，接收到电磁波后，也没有任何反应。这就意味着，人类完全无法利用光或者电磁波观测暗物质，探明它的真相。

在此介绍一下宇宙整体的结构。地球是太阳系的第三颗行星。太阳系位于银河系，一个有着1万亿以上恒星的集合体的一端。俯瞰银河系，它就像一个台风似的旋涡，侧看银河系，它就像哆啦A梦最喜欢吃的铜锣烧。

银河系中心有一个质量为太阳400万倍的超大质量黑洞。太阳系就位于距离黑洞2.6万光年远的人马座旋臂上。

宇宙中充满了类似银河系的星系。

既有银河系这样的旋涡星系，也有无旋臂的椭圆星系。就像人体由数十万亿个细胞构成一样，我们居住的宇宙也由数千亿以上的银河星系构成。

星系是宇宙的基本构成单位。不过，细胞相互之间紧密连接，而相互连接的星系却少之又少。通常情况下，星系之间的宇宙空间几乎空无一物。

但其实，看不见的暗物质就潜藏在这"空无一物"之中。让我们来看一看星系的分布情况。首先，就像人类建造村落一样，数百个星系聚集起来，就形成了星系群。村落合并形成乡镇，人员更加聚集，形成城市，而星系群聚集起来，就形成了更大的超星系团。超星系团中有着数千个以上的星系。这些星系的整体分布就是宇宙的大尺度结构（Large-scale Structure）。

◆ **以本星系群为中心描绘的室女座超银河团（超星系团）**

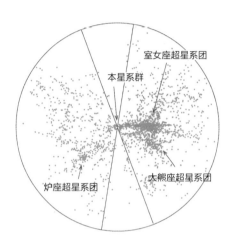

本星系群

室女座超星系团

炉座超星系团

大熊座超星系团

宇宙的68%的成分是暗能量

宇宙诞生于138亿年前的大爆炸，之后持续膨胀。伴随着宇宙进化，出现了一处暗物质密度高于周围的地方。在重力作用下，周围的暗物质聚集，形成了现在的立体网状宇宙大尺度结构。

◆暗能量与暗物质的比例

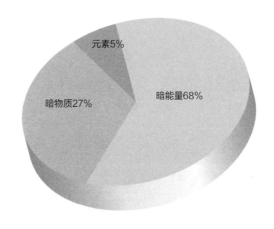

在暗物质浓度较高的地方，普通物质（重子）聚集，在宇宙初期逐渐形成了恒星、星系。调查宇宙整体的物质与能量的总量后发现，构成现在的宇宙的成分中，约68%都是加速宇宙膨胀的神秘"暗能量"，约27%为"暗物质"，普通物质"元素（重子）"只占5%左右。

这种叫作宇宙大尺度结构的独特星系分布，展示着支配宇宙的重力分布，即重子物质与暗物质的分布情况。上文提到，宇宙是由星系构成的，这是表面看起来的事实。实际上，看不见的暗物质才是宇宙结构的真正支配者。暗物质，一种肉眼看不见，能量密度又是普通物质（重子）

5倍以上的神秘重力源。直至今日，人类仍没有揭开它的真面目。

宇宙初期，正是暗物质在宇宙各方将氢原子聚集成更大的团块，进而依次形成星体，形成早期的小星系。之后，星系之间相互吸引，形成早期的距离相当的较大星系。大的星系再逐渐聚集，形成星系群、超星系群，最终形成现在的宇宙星系分布。

我们周围也有暗物质

我们周围其实也存在暗物质，只不过，目前除了重力以外的方法，我们无法感知其存在。日常生活中，我们完全没必要在意暗物质，毕竟其名字就有一个"暗"字。当然，也有人在意。

从银河系的角度来看的话，我们也许会对暗物质产生担忧。但从人类、地球，甚至太阳系的角度来看的话，则完全不用在意。银河系整体上就像台风一样，围绕着一个中心回旋（自转）。其旋臂朝着统一的方向回旋。如果仅从通常观测到的恒星、气体及尘粒的分布来计算的话，只需要一瞬间（数亿年左右），几条旋臂就都统一为一条。但是另一方面，银河系的形成花了120亿年左右。这就出现矛盾了。

不过，在直径10万光年的旋臂之外的5倍到10倍距离的宇宙空间中，充盈着看不见的暗物质。假定这些暗物质相互之间，以及恒星等重子物质之间，受到暗物质重力作用影响而相互拉伸，这就可以解释银河系是如何维持稳定自转的了。

看不明白更看不见其真身，银河系的回旋以及宇宙中的星系分布（宇宙的大尺度结构），就是受到这样一种暗物质的支配。现在，科学家们正加紧探究这片黑暗的世界。

当初，科学家认为暗物质可分为两大类：热暗物质与冷暗物质。

甚至在二者之间，还存在温暗物质。随着理论与观测的持续深入，科学家发现冷暗物质与各种宇宙观测数据大大吻合。所谓冷暗物质，就是一种具有重力且不与电磁波发生反应的未知基本粒子。现在，全世界的科学家正在开展该未知基本粒子的直接测出实验。期待2020年后的10年间，人类能够揭开暗物质的神秘面纱。

掌握宇宙命运的暗能量

具有重力反方向力（斥力）的暗能量

上一小节中，我们知道了宇宙是由天体、气体、尘粒等通常物质（重子）以及暗物质、暗能量构成的。这些构成宇宙的物质当中，人类最不了解其情况，也最感到恐惧的，莫过于暗能量。

为什么138亿年前宇宙诞生了？宇宙又将走向怎样的终点？要想解开所有的谜题，全部取决于是否能够成功解开暗能量的秘密。暗能量的恐怖程度，胜于达斯·维达（电影《星球大战》反派人物），更胜于暗物质，是宇宙中真正的"恐怖之王"。

暗能量与重子物质、暗物质不同，具有重力的反方向力——斥力（相互排斥的力）。由于宇宙中带有斥力的暗能量的总量多于带有重力的重子物质与暗物质的总量，因此，宇宙现在仍然在不断膨胀。

而且，令人恐惧的事实是，宇宙在大约60亿年前，就开始加速膨胀了。

暗能量究竟为何物？对此有诸多解释，但至今仍没有正解。这些解释每一个都停留在想象层面，未能通过实验或观测得到证实，仍须进一步加以研究。

要想了解清楚暗能量的真实面目，就必须了解暗能量究竟是具备通常不发生变化的定数性质，还是一直受到某些作用影响，其能量强度会不断变化。

◆30米望远镜TMT完工设想图

人类对此进行了各种探索。就前者而言，可以在爱因斯坦公式基础上增添宇宙项（宇宙常数）加以表示。就后者而言，科学家认为，暗能量可能是一种出于某种原因而活跃的未知基本粒子。

日本国立天文台正联合美国、加拿大、中国、印度等国，建造三十米望远镜（TMT，集光口径为30米的新一代巨型天文望远镜）。其观测课题之一，就是捕捉暗能量的时间变化。

TMT是一项野心十足的计划，通过超群的集光能力，详细观测遥远星系，探寻宇宙膨胀的时间变化。如果观测成功，暗能量如何随着宇宙演变而变化，就将真相大白。

一定能揭开暗能量的真面目！

Part 3

宇宙的未来并不光明：
宇宙论的可怕世界

仙女座星系会与银河系碰撞？

"遥远的邻居"仙女座星系与地球相距230万光年

太阳系位于银河系之中。

银河系横跨约10万光年，其外侧充盈着看不见的暗物质。太阳系与银河系中心相距2.6万光年，与距离最近的恒星半人马座比邻星相距4.2光年。我们熟悉的那些星座和星球，基本上都在数光年甚至数百光年之外。例如，织女星在25光年外，猎户座α星（参宿四）在640光年外。恒星之间也各有差异，既有体积庞大的巨星，也有体积较小的矮星。巨星的体积越大，其释放的能量也越强，即使与地球相距甚远，人类也能用肉眼观测到。

◆斯巴鲁望远镜拍摄的仙女座星系M31

例如，与织女星（天琴座α，Vega）、牛郎星（天鹰座α，Altair）一起构成夏季夜空大三角的恒星天津四（天鹅座α，Deneb），就被推测位于地球1400光年之外。它也是一等星中距离地球最远的恒星。人类肉眼能够观测到的星球，基本上都位于银河系内。

人类肉眼能够观测到的最近的天体，则是邻居仙女座星系（230万光年外）。只要夜空足够漆黑澄净，每个人都可以观测到。

星座的形状千姿百态。在秋季最具代表性的星座仙女座星系中，女神安德洛墨达星的腰部闪烁着米粒大小的光芒，犹如越光米一般散发微光。

这是光子在太空中飞行了230万年，展现在人类眼中的景象。230万年前，大家都在干什么呢？来自仙女座星系的光芒，是否能让你想起我们祖先走过的宏伟旅程呢？

追溯到230万年前，77亿人类的共同祖先离开树上生活，双腿直立行走于广袤的非洲大地。近年人类学研究成果显示，早在约700万年前，人类就开始行走于大地，并有可能已经开始从非洲大陆迈向了其他大陆。

我们这些由数十万亿个细胞构成的具有智慧的人类的身体中，仍然保存着当时的记忆。人类进化至今的过程中，从直立行走的父辈那里继承遗传信息，并将这些信息作为"记忆"保存在基因（DNA）中。我们的DNA里，存在与猿类、黑猩猩的祖先相关联的信息。这种差异相当于人类相互之间0.1%的基因序列（基因组）差异。黑猩猩与人类的基因组相似性达98.5%，与红毛猩猩的相似性达97%。

我们人类的基因是从共同的祖先那里继承来的。既然如此，为什么要相互仇视、相互残杀呢？不如遥望一下仙女座星系，回想一下人类都拥有共同的祖先这一事实吧！

如果把宇宙诞生至今的138亿年浓缩为人类的一年，那么，1月1日，宇宙大爆炸。2月14日情人节，银河系诞生。8月31日，也就是46亿年前，地球诞生。9月下旬，生命在地球上诞生。12月28日至30日左右，恐龙开始行走于大地。12月31日晚8点左右，类人猿（南方古猿）终于出现。再过4小时，就到了现在。就算我们活到了90岁，也只不过是宇宙旅程中的0.2秒。

伟大的人类，用这短暂的时光概括了历史悠久、无边无际的宇宙。正因为地域、家庭、小学初高中、大学、公司、社会中有着"传承"，我们才得以了解宇宙。对文化与文明、宇宙与自然的相互传承，将我们人类紧密相连。我们融于社会，与社会同发展、共进步。

被撕扯的仙女座星系与银河系

一个令人恐惧的事实是，仙女座星系正悄然接近银河系。仙女座星系（M31）、三角座星系的螺旋星系M33（距离250万光年）等银河系附近的星系集合，叫作本星系群。银河系的伴星系——小型不规则星系大麦哲伦星云（距离16万光年）也是其中一员。

本星系群中，仙女座星系与银河系处于中心位置。这两个星系的大小与形状都非常相似，宛如动画电影《冰雪奇缘》（Frozen）中的艾莎和安娜。仙女座星系较大，像姐姐一样。因为相互之间引力强大，两个姐妹星系从心底相互吸引。

宇宙中的所有物质，包括暗物质在内，都遵循万有引力定律。引力与两个物质的质量乘积成正比，与两个物质之间的距离成反比。两个质量较大的星系，更容易相互吸引。在天文学中，引力也被叫作重力。阅读天文学相关文章时，可以将引力与重力置换着阅读。

实际上，科学家们调查仙女座星系的运动情况后发现，更远处的星系全都随着宇宙的膨胀而远离地球，但仙女座星系却朝着地球的方向移动。那么，230万光年外的仙女座星系与银河系到底何时会相撞呢？

据估计，仙女座星系正以每小时40万千米的速度接近银河系，约45亿年后，两个星系将相互碰撞。

宇宙中的星系碰撞处处可见

如果仙女座星系与银河系相撞，会发生什么呢？仙女座星系内的恒星会撞击到太阳系吗？这简直太恐怖了！不过，似乎也不用如此担忧，不必杞人忧天。

这是因为一个星系中的恒星密度之低，相当于在欧洲大陆上找出3只蜜蜂。因此，虽然目前尚未确定这两个星系是以正面直接冲击的方式，还是以回旋包围的方式相撞，但无论以哪种方式，星系内的恒星基本上都会相互擦身而过。不过，由于整体受到重力影响，两个星系有可能来回往返撞击，直到最后形成一个更大的椭圆形星系。

观测宇宙时会发现，其实宇宙里存在很多这样的星系撞击现象（撞击星系），以及没有旋臂的大型椭圆形星系。不知45亿年后，太阳和地球还能否维持与现在一样的环境和状态。如果那时人类还存在，人类将能长期欣赏到仙女座星系与银河系完全合体前，夜空中横亘着两条银河的绚丽星空。

加速膨胀的宇宙

宇宙的存在也并非永恒

如果宇宙保持静态和稳定，并永恒存在，对于我们人类来说，倒是适宜居住。但令人担忧的是，正如人类有寿命一样，太阳也有寿命。太阳寿终正寝之时，地球上所有的生物都将灭绝。同样，宇宙也在动态中不断变化，终有一日迎来生命的终点。

宇宙诞生于138亿年前的大爆炸，其后不断膨胀。令人震惊的是，约60亿年前，宇宙开始加速膨胀。至今，人类也未探明其原因。

约100年前的20世纪初，科学家们认为宇宙是静态、永恒的。1915年，爱因斯坦发表广义相对论，后于1916年发表引力场方程。通过解析爱因斯坦引力场方程，多位科学家开始注意到宇宙正在膨胀的事实。

例如，1917年，荷兰科学家威廉·德西特提出，当宇宙收缩到一定规模后，达到无法继续收缩的极限值，之后有可能再次膨胀，无限扩大（德西特宇宙模型）。

威廉·德西特
（1872—1934）

亚历山大·弗里德曼
（1888—1925）

1922年，苏联科学家亚历山大·弗里德曼提出，宇宙有可能既膨胀，又收缩（弗里德曼宇宙模型）。

1927年，比利时宇宙物理学家、天主教神父乔治·勒梅特通过解释爱因斯坦引力场方程，独立导出了与弗里德曼宇宙模型相当的膨胀系数（勒梅特宇宙模型）。勒梅特预测，星系的远离速度与地球到银河之间的距离之间存在比例关系，并进一步求出了哈勃常数。

乔治·勒梅特
（1894—1966）

爱德文·哈勃
（1889—1953）

越是遥远的星系，越以更快的速度远离地球。换而言之，宇宙正在膨胀。1929年，美国天文学家爱德文·哈勃通过实际观测得出了这一结论。哈勃借助位于加利福尼亚州威尔逊山天文台的2.5米口径胡克望远镜，对各式各样的星系进行了分光观测（通过在望远镜上安装分光器，拍摄恒星光谱，以观测恒星），从恒星光谱分类中显示的红移量，发现越是遥远的星系，其远离的速度（后退速度）越快（仙女座星系等临近银河系的星系除外）。

在哈勃发现上述规律以前，发表了引力场方程的爱因斯坦本人，一直坚信宇宙是永恒不变、保持同一大小的。而且，为了反对宇宙膨胀理论，特意在自己的方程上添加了被称作宇宙常数的膨胀阻止常数。但是，当他赴威尔逊山天文台拜访哈勃，确认了宇宙正在膨胀这一观测事实后，为自己添加宇宙常数而感到羞愧。表示宇宙膨胀的这一定律叫作哈勃-勒梅特定律。由此，世人才知晓了宇宙并非永恒不灭的存在。

常识在宇宙不通用

哈勃-勒梅特定律证实了宇宙正在膨胀。

弗里德曼也注意到，宇宙中的物质相互之间产生重力作用。即使受到某种能量影响，物质在当前一直膨胀，一旦该能量开始衰竭，物质本身的重力将相应地逐渐增强，减缓其膨胀速度。

1998年，美国加州理工学院的萨尔·波尔马特教授团队与澳大利亚的布莱恩·施密特教授团队，各自并几乎同时发现了宇宙在约60亿年前就开始加速膨胀的惊人事实。

萨尔·波尔马特
（1959年出生）

布莱恩·施密特
（1967年出生）

两个研究团队关注的都是遥远星系中出现的Ia型超新星爆发现象。此类型的超新星爆发与前文介绍的重质量恒星生命晚期时发生的超新星爆发（Ⅱ型超新星爆发）不同，多发生于白矮星、红巨星等组成的双星上。

基于相同的物理原理，当恒星发展达到某一界限时，就会出现超新星爆发。Ia型超新星爆发出现时，无论在何时何地，爆炸释放的亮度与能量都是均一不变的。因此，其可见亮度是一个绝对值。对亮度差别进行调查，就能推算出从地球到该星系的距离。两个研究团队长期调查Ia型超新星爆发现象，解析了众多数据后，几乎同时得出了宇宙在约60亿年前开始加速膨胀的结论。

暗能量是导致宇宙加速膨胀的原因之一

宇宙中存在某种力（斥力），导致了宇宙膨胀。重子物质与暗物质以重力（引力）的方式相互作用。产生斥力的来历不明的能量，则被科学家们命名为暗能量。将这些不明所以的物质冠以"暗"的名称，实属研究者们的无奈之举。

人类至今也没有弄明白使宇宙加速膨胀的暗能量究竟具有怎样的性质，实在是令人感到恐惧。

爱因斯坦为建立静态宇宙模型而在引力场方程内引入了宇宙常数，预言了暗能量的存在。因为当宇宙常数为正值时，可解释暗能量向宇宙整体释放斥力的效果。假设存在数值适当的宇宙常数，则可解释符合观测数据的宇宙加速膨胀现象。不过，仅仅假设宇宙常数，只不过是为了使公式符号合乎情理，并没有揭示出宇宙加速膨胀的本质。

一部分研究者将暗能量与真空能量结合起来研究。在量子物理学的场论中，宇宙诞生时，需要来自真空零点能的真空能量。但是，真空能量值要想满足通过观测得到的暗能量值（宇宙常数），仍差了120位以上的数值。

关于加速宇宙膨胀的原因，科学家们除了提出真空能量外，还提出了其他各式各样的假说，但无论哪一个假说，都无法进行充分解释。

被认为是宇宙加速膨胀原因的暗能量，依然神秘莫测。

宇宙的寿命

宇宙一直膨胀的话，会发生什么？

宇宙自大爆炸以来就没有停止过膨胀，但是，其膨胀速度并非一直保持一致。根据对遥远星系的观测以及对Ia型超新星爆发的调查，人类发现距今约60亿年前，也就是大爆炸80亿年后，宇宙开始加速膨胀。

如果宇宙继续膨胀下去，会发生什么呢？对于居住在地球上的人类来说，巨大宇宙的膨胀，似乎与我们没什么关系。的确，在宇宙膨胀的过程中，我们确实感受不到什么影响。但需要注意的是，在遥远的未来，数千亿年后，宇宙有可能完全冷却，能量消耗殆尽。也就是说，终有一天，宇宙将迎来生命的终结。

◆膨胀的宇宙

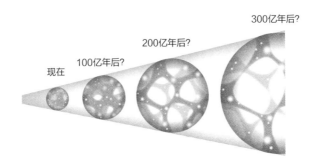

300亿年后?

200亿年后?

100亿年后?

现在

宇宙的未来是什么样的

暗能量加速了宇宙膨胀，但是现代科学至今没有探明暗能量的真实面目，也无法预测暗能量在未来是维持一定数值，还是持续增加，抑或是减少？由此可见，宇宙的未来仍充满了各种可能。

如果暗能量持续增多，宇宙膨胀速度也将相应加快。

数亿年后，宇宙中的所有物质都有可能被撕裂，走向终结。

另一方面，随着暗能量减少甚至消失，宇宙有可能在自身重力作用下由膨胀转为收缩。收缩持续数百亿年后，宇宙将浓缩为一点。这就是宇宙大坍缩。

在人类发现宇宙加速膨胀的1998年以前，宇宙大坍缩是一种非常普遍的观点。但是，基于目前的观测事实，众多科学家否定了该观点。不过，也有科学家认为大坍缩发生后，新的宇宙将由此诞生。

不论是宇宙大撕裂还是宇宙大坍缩，两种理论都暂时停留在想象的范畴，其本质仍不为人知。解析暗能量的秘密，才是必不可少的关键。

十一维空间与多元宇宙论——宇宙不止一个

宇宙的三个定义

我们人类居住的宇宙，既能用"Universe"表示，也能用"Cosmos"表示。地球大气层外的宇宙，则用"Space"表示。在日语当中，宇宙一词包含若干不同的定义。

Cosmos是Chaos（混乱）的反义词，意指调和的、和谐的。Universe中的"Uni-"是表示单一的前缀词。因此，Universe包含唯一存在的意思，可以理解为森罗万象。

中文"宇宙"一词的写法与日语一样。宇，意为空间无限扩展；宙，意为无限的时间。中文的"宇宙"一词在表示空间的纵横高上加入了时间这一第四维度的概念。这也意味着中国人可能在很早的时候，就意识到了宇宙是四维的。

超弦理论能解释宇宙吗？

正因为宇宙中存在关于宇宙起源、黑洞中心等运用现代物理学难以准确解释的奇点，科学家们推想，宇宙是否有可能由更多的维度构成？换而言之，科学家们致力于如何回避奇点，并运用人类已知的数学与物理学知识加以研究。

如果138亿年前，宇宙从无到有，那么时间与空间将归为零，无法计算。由此产生的，就是超弦理论（Superstring Theory）。该理论认为，宇宙原本就是个十一维空间，一些空间像环形皮筋一样组成弦，这些空间折叠而成的超弦存在于宇宙初始之中。

超弦理论还认为，目前已知的17种基本粒子（夸克、中微子、电子、光子等）并非物质的最小单位，基本粒子由更小的"弦"构成。

将物质进行细分，首先得到分子与原子。其中，分子是原子的集合体。原子无法更进一步细分，是物质的基本单位。原子内部可划分为质子与中子构成的原子核，以及包围原子核的电子。

◆ 所有物质由弦构成

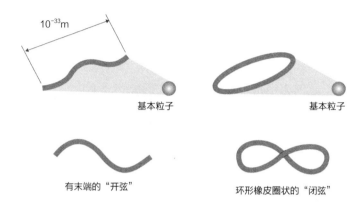

10^{-33}m

基本粒子

基本粒子

有末端的"开弦"

环形橡皮圈状的"闭弦"

电子是一种无法进一步细分的基本粒子，质子和中子则分别由三个上夸克和三个下夸克构成。夸克也被认为是一种无法进一步分割的基本粒子。

目前，科学家们只发现了光子、希格斯玻色子等17种基本粒子。根据超弦理论，这些基本粒子全都可以归结为一种弦。

根据弦的振动方式不同，弦表现为不同类型基本粒子的不同性质。

就好比弹奏吉他时，一根琴弦在不同的振动方式下，可以展现出不同的音色。

◆多元宇宙（Multiverse）想象图

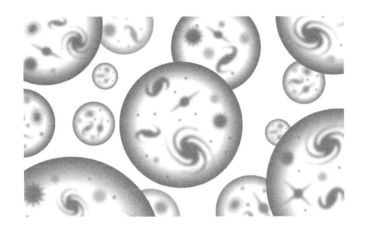

现在，有很多理论物理学家对超弦理论发起了挑战，但他们至今尚未找出基本粒子就是弦的确切证据。

当然，十一维空间理论说到底只是一种假设。通过超弦理论与十一维空间理论，人类最终得出了宇宙并非唯一，存在好几个宇宙也不足为奇的结论。如此看来，似乎宇宙越来越混沌。不过，现在多数理论物理学家都支持多元宇宙理论（Multiverse）。

多元宇宙是不是就像这些肥皂泡里装着一个个宇宙呢？

宇宙之大，尚未可知

宇宙论的深层烦恼

宇宙论（Cosmology）是一门主要运用物理学手段研究宇宙自诞生演变至今的过程的学问。

宇宙论常用的科学研究方式是一个连续的过程，即通过构建理论，以某种原理解释实验与观测结果，再通过实验与观测，就理论产生的新疑问与新矛盾进行进一步调查研究，并构建新的理论。

在宇宙论中，观测天文学与理论天文学就像车子的两轮，向破解宇宙起源到宇宙终结的疑团发起挑战。"外星人""宇宙论""黑洞"经常被揶揄为天文学三大研究课题，这也反映出人们对这些问题的强烈关心。

然而，令人遗憾的是，宇宙论至今没有探明宇宙起源时的模样，也没有明确现在宇宙的大小，更别提预测宇宙的未来了。

这是因为宇宙论的大多数研究课题，都难以在实验室内进行观察或实验。通过林林总总的观测事实，人类已经明确了宇宙起源于约138亿年前，但要想目睹当时的景象，只能乘坐时光机器了。

包括宇宙历史在内，所有的历史学研究都是一个无法反复进行实验与观察的不可逆的过程。"宇宙"一词中的"宙"，表示无限的时间轴。要想正确理解这一时间轴上发生的事情，实非易事。

另一方面，宇宙论所涉及的现在的宇宙整体规模，也为研究的深入开展带来影响。宇宙一词中的"宇"，表示无限的空间。但事实上，我们仍然无法准确得知现在宇宙的实际大小。观测天文学在研究宇宙规模的时间轴与空间轴上，还是存在一定的局限性。纵、横、高，在此三维空间的基础上增加时间概念，形成四维时空。在四维时空中观测宇宙时，观测得越远，越能看到遥远过去的景象。例如，观测并分析1亿光年外的星系时，我们运用的是"光年"这一距离单位，而观测到的，正是该星系1亿年前的模样。想要知道该星系现在的模样，只能等1亿年后的人类去揭晓了。

换句话说，遥远星际出现某一现象时，我们无法同时经历这一瞬间，只能在相应距离（光年）的年月后才能知晓。

我们能够了解观测不到的现象吗？

宇宙诞生于138亿年前，经过膨胀与大爆炸等特殊现象后，现在仍在持续膨胀。人类至今无法准确测量宇宙的大小。进行四维空间研究时的局限性正在于此。此时，就轮到理论天文学登场了。理论天文学将理论与观测事实联系起来，以合理理由解释不可见或不可知的事实。但是大多时候，被写进论文的依据或理论无法通过观测进行确认。这也是理论天文学的矛盾之处。前文介绍的多元宇宙亦是如此。从理论上看，人类不可能观测到我们所在宇宙之外的宇宙。

使人类难以探明宇宙真相的原因，不仅在于宇宙的时间与空间规模超乎人类常识，还在于宇宙环境中存在难以预测的极限状态。例如，恒星内部时常发生的氢核聚变反应，就需要一直保持极其高温和高压的状态。人类虽然可以通过氢弹和核聚变炉瞬间制造一个适合氢核聚变反应发生的环境，但至今，仍无法将这一环境持续保持下去。

更麻烦的是，宇宙中还存在宇宙初始、黑洞中心等奇点。对于无法借用常规物理学手段开展研究的这些特殊宇宙状态，如何探明其真相，是理论领域与实验观测领域都需要日夜加紧研究的课题。

◆ 宇宙示意图

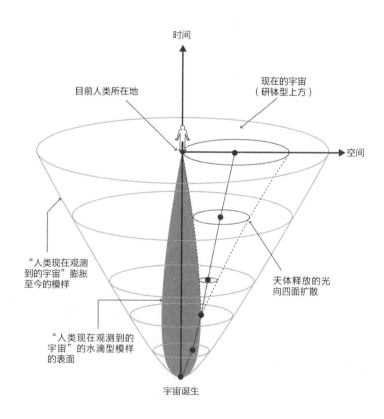

时间

目前人类所在地

现在的宇宙
（研钵型上方）

空间

"人类现在观测
到的宇宙"膨胀
至今的模样

天体释放的光
向四面扩散

"人类现在观测到的
宇宙"的水滴型模样
的表面

宇宙诞生

就靠"理论望远镜"了

宇宙论就是这样，难以通过单一手段加以解析。名为"理论望远镜"的专业计算机和超级计算机支撑着宇宙论研究。在模拟天文学中，多数理论天文学家借助超级计算机，通过在计算机中重现研究对象，比较模拟结果与观测事实，以确认理论不与事实发生矛盾。此时，通过考察并修正模拟计算公式和参数（变量与常量），可导出最接近观测事实的理论与常数。

不过，不论超级计算机和AI（人工智能）如何发展，模拟天文学如果缺乏作为计算公式前提的理论支持，得出的结果也只是单纯的数字组合，无法准确判断预测结果，变得毫无意义。由此可见，理论研究也是一项"折磨"大脑皮层的有深度（但绝非"暗淡"）的研究工作。

人类的孤独将持续多久？

"宇宙学原理"一直成立吗？

研究宇宙时，"宇宙学原理"是最基本的观点。宇宙学原理是一种预测，认为既然138亿年前宇宙大爆炸发生后，狭小宇宙空间膨胀成为现在的广阔宇宙，那么我们身边发生的现象，在遥远宇宙也可能发生。

例如，从物理学角度来看，宇宙学原理就是一种认为古典力学、相对论、量子论以及光等电磁波的传播等原理，在宇宙任何角落都成立的假说。

但是，正如本书中介绍的那样，严谨地说，我们所知的物理定理有时在某些宇宙局部空间并不成立。例如黑洞中心，或是大爆炸前宇宙的初始瞬间。我们虽然不甚了解这些宇宙中的奇点，但是在它们环境中成立的物理定理，也有可能在其他相同条件与环境下成立。

如果我们所知的基本物理定理在宇宙的几乎所有角落都成立的话，那么在化学领域，即在宇宙的化学构成与物质种类中，宇宙学原理也都是成立的。我们在高中以前学过的化学反应方法与化学知识，即使在地球以外的环境中，只要条件相同，也能发生作用。

高中的地理课程亦是如此。通过"旅行者"号探测器等太阳系探测器，人类发现并确认了地球以外的太阳系天体上，也存在火山与地震、板块构造与磁场、极光等现象，甚至还发现了各式各样的天文现象。同样，人类也证实了在远离太阳的土星卫星Titan（土卫六）和冥王星上，地理学现象中的宇宙学原理亦可适用。

天体生物学启示地外生命的存在

现在轮到生物学领域了。宇宙学原理在生物学领域同样成立。由此产生的新的学术领域，便是天体生物学（Astrobiology）。天体生物学虽然是一门刚刚起步的年轻学科，但是随着研究深入，"为什么38亿年前地球上产生了生命？当时生命究竟产生于何处？生命产生的条件又是什么？"等诸多疑问，将逐一得到解答。

现在人类仅在地球上发现了生命。不过，宇宙学原理的观点认为，地球以外的宇宙某处也存在生命。生命产生并进化的条件非常严苛，但在宇宙中，类似地球环境的天体不在少数。

理论上很难否认地球外存在生命。更进一步来说，生命在地球上出现38亿年后，才进化出人类这样的智慧生命。那么，在茫茫宇宙中，存在可以与人类进行交流的外星人也不足为奇。

我们是谁？将去向何处？

现在的"宇宙"正迎来非常有趣的时代。人类5000多年以来解读的"天文"——"自天而来的文章"，正迎来数百年一遇的好篇章。在光、电磁波等人类很早就解读出来的"天文"之外，人类于2015年首次发现了"引力波"这一新的"天文"。

由此，多信使天文学拉开序幕。同时，地外生命探索也渐入佳境。50多个世纪以来一直解读"天文"的人类，现在迎来了向天送"文"的时代。

"我们是谁？将去向何处？"对于这个问题，天文学给出了一个答案。400多年前，人类经历了从"地心说"

向"日心说"转变的"哥白尼革命（思维范式转换）"，在即将到来的未来，人类还有可能再次经历一次思维范式转换。与智慧生命对话将不再是做梦。更极端地来说，人类将迎来影片《星球大战》展现的新世界。

常有人问："天文学到底有什么用？"天文学是一门与音乐、算数、几何并列的，拥有5000年以上历史的古老学问。知晓星辰运转，观测星辰位置，创制历法，了解时刻方位……天文学作为一门"实学"，是人类文明起源与发展不可或缺的一环。

此外，宇宙本身也是人类"信仰"的对象，这一事实与天文学的发展有着深切联系。在古代，占星术与天文学浑然一体，密不可分。

人类每每遥望星空时，会一边与星空对话，一边自问自答——我是谁？这是哪儿？我们人类在浩瀚宇宙中是孤独的存在吗？

由此可见，宇宙自古以来就激发起人类的求知欲与好奇心。这也正是天文学被称为"大众科学""理科哲学"的原因。近年来，人类对宇宙的关注，更使得宇宙演变为一种用于治愈心灵、寄托对未来的希望，即实现个人幸福的工具（或者可称之为一种文化）。天文学将不仅成为一种学术兴趣，更将成为一种文化，为实现个人幸福做出贡献。

相互连接的社会与生命

"没必要为小事情郁郁不欢啊！"接触到繁星与宇宙后，不可思议地会产生这样的想法。也不知为何，人总能变得积极向上。没有什么忧虑敌得过连自己"存在的理由"和"所处的位置"都一无所知。如果能够通过感知宇宙，了解自己存在的理由，更进一步知晓自己生存的目的，那么，人类的生存方式将发生巨大改变。

有时，就在一瞬间，我们可以了解宇宙，窥见自己存在的理由和所处的位置。而由此发生改变的，将不限于个人。

即使在发展中国家，近距离感受繁星与宇宙的"天文文化"也正在落地发展。其中最典型的例子，就是哥伦比亚的麦德林市。日本民众对该地可能少有耳闻，但在2013年，该市被美国《华尔街日报》评选为当年"最创新城市"第一名。其城市建设的中心思想不仅在于音乐、运动、艺术，还有科学与宇宙。

哥伦比亚正在大规模地推行改革，致力于消除迄今为止的治安恶化与国内矛盾对立。2012年，一所现代天文馆在麦德林市建成。卡洛斯·莫利纳馆长讲述了一段饶有趣味的故事。

一群加入强盗团伙的15岁左右的少年来到了天文馆。平时，这些少年逃课逃学，整天沉迷于团伙斗争。

暴力团的领头少年看完天文节目后走出天文馆，扔掉了武器，说道："我们一直在重复这些狭隘的地盘争夺，实在是大错特错。整个地球都是我们人类的地盘啊。"于是，这些少年停止了争斗，重返学校。

说到底，贫穷才是罪魁祸首。现在越来越多的发展中国家人民日益认识到，科学技术能带来富足。不过，发展科学技术，带来的不仅是"物质的富裕"与"经济的富裕"。通过认知宇宙，人们还能获得"心灵的富足"。

当时，那些少年看到的天文节目，内容是宇宙与人类的关系。摄像机镜头从麦德林市街角的天文馆出发，视角慢慢升高，视野从街区扩展到南美大陆，从地球扩展到太阳系、银河系，直至全宇宙。

宇宙以森罗万象的姿态出现在镜头里。如果世界各国首脑都观看了同样的节目，都了解到地球仅仅是茫茫宇宙中小小的闭塞的一隅，世界也许会变得更美好。

如果人人都学会观察宇宙，世界将实现和平。当然，如果只关注某一瞬间的世界，也难以找到实现世界和平的解决方案。人类既要向过去学习，避免不确定性，也要学会预测未来。了解宇宙，有利于看清未来。天文学正好能够启发人类一种重要的思考方式，即学会在更大的框架下观察事物。人类可以从天文学的"宇宙学原理"中对应找寻到"人类原理"。未来，人们都将认识到"人类原理"并获得更美好的生活。

将天文学作为沟通工具

目光仅停留于眼前，是无法察觉宇宙学原理的，必须扩大视野，俯瞰一切。人类社会亦是如此。如果执着于局部视角，看到的仅仅是人与人、国与国之间的"差异"，从而陷于自我限定的规则，看不清彼此的共性，导致纷争不休。

如果能以更宏大的框架来看待事物，就能发现人类共通的某些宝贵的东西，找寻到"人类原理"。这样一来，人类就能认识到，我们相互之间不是敌人，而是伙伴。

对古代人来说，天文学可能是一种沟通工具。因为人们约定下次见面时，须知晓季节、时刻及所在地，实际上就运用到了天文学。天文学在"连接人与人，使人之所以为人"方面，发挥着重要作用。将来，人类与智慧生命

（外星人）交流时，说不定就需要借助寻找天体的"天文学"、交流信息的"数学（数字信号、IT技术）"以及传递情感的音乐（表达感动）。如此一来，对于居住在连接过去与未来的现代社会里的人类来说，天文学、数学、音乐等将成为所有人类共通的素养，成为自我与他人之间进行文化交流的重要工具。就像喜爱音乐与网络文化一样，繁星与宇宙也将成为现代人身边必不可少的热爱。

◆ "阿波罗" 8号探测器拍摄的地球

照片提供：NASA

171

宇宙的未来年表

大胆预测将会出现的"恐怖"

相信朋友们读到这里，已经认识到宇宙既是满足人类求知欲与好奇心的探索对象，又意外地具有"恐怖"的一面。作为本书的总结，让我们大胆预测下将来有可能出现的"恐怖"吧（需要注意的是，此处预测并无完全确凿的依据）。当然，为了不让未来世界显得那么灰暗，笔者一并追加了将会出现的有趣的天文现象和天文学新闻。

◆ 来自未来宇宙的恐怖（包括有趣的天文现象）

2020年12月	"隼鸟"2号返回地球[1]
2020年12月21日	木星与土星接近（在山羊座）
2020—	太空碎片的撞击与坠地带来严重灾害
2024—	巨型耀斑引发德林格尔现象和地磁暴
21世纪20年代	阿尔忒弥斯计划（人类再次登月行走）
2025年	土星环消失（肉眼看来） 2040年、2055年……以15年为周期
2030年6月1日	北海道可见日环食
2030年左右？	贪婪资本主义（Greed Capitalism）引发经济破败？第三次世界大战？
21世纪30年代？	人造卫星布满星空？
21世纪30年代	人类漫步火星？
目前至21世纪30年代？	发现地外生命？
2032年	坦普尔-塔特尔彗星回归 此时，狮子座流星雨出现？约每隔33年大规模出现
2035年9月2日	日本北关东地区至北陆地区可见日全食
2038年2月20日	木星与天王星接近（在双子座）
2040年9月4日前后	傍晚的西方夜空，五大行星聚集（水星、金星、火星、木星、土星）
2041年10月25日	日本中部地区和近畿地区可见日环食
2042年4月20日	八丈岛与小笠原群岛之间的海上可见日全食
2061年夏季	哈雷彗星回归
2063年8月24日	函馆、青森可见日全食
21世纪60年代	比邻星b探测结果传回地球（"突破摄星"计划）

宇宙的未来并不光明：宇宙论的可怕世界　Part 3

---

[1] "隼鸟"2号回收舱于 2020 年 12 月 6 日在澳大利亚南部着陆，而探测器仍在太空执行任务。

2070年4月11日	太平洋上可见日全食
21世纪中期?	成功向地球外智慧生命（外星人）发送信息?
2100年左右?	全球气候变暖更加严峻（平均气温升高5摄氏度） 人类急速走向灭亡?
2117年12月11日	金星凌日（2012年6月6日以来。日本亦可见。下次出现时间为2125年、2247年、2255年、2360年、2368年、2490年）
2125年	斯威夫特-塔特尔彗星可能回归? 1862年7月，路易斯·斯威夫特与贺拉斯·帕内尔·塔特尔发现该彗星。其回归周期为133年，是英仙座流星雨的母天体
2136年春季	哈雷彗星再次回归（下次为2210年冬季，周期为75年）
2270年左右	1861年大彗星(C/1861J1)回归
2287年	火星大冲（2003年火星大冲以来）
2344年7月26日	月全食中发生土星食
6528年左右	Hale-Bopp彗星回归（公转周期为4531年，1997年以来）
约1万年后	"旅行者"1号、2号探测器（1977年发射升空）飞出太阳系
1.3万年后	织女星（Vega）成为北极星（地球的岁差运动，周期为2.6万年）
数万年后?	冰河期再临? 雪球地球?
不知多少年后?	太阳出现超级耀斑
现在起50万年以内?	直径10千米以上的小型天体撞击地球（有可能）
现在起100万年内	参宿四（猎户座一等星）发生超新星爆发
现在起数百万年内	心宿二（天蝎座一等星）发生超新星爆发
不知多少年后?	邻居超巨星出现超超新星爆发，其γ射线暴将直击地球?
约45亿年后	仙女座星系撞击银河系
约50亿年后	太阳开始变成红巨星，膨胀至金星轨道附近，地球生命几乎灭绝?
数亿年至数十亿年后?	宇宙大撕裂，走向终结

后记

头顶着赤道直射的骄阳，我正在马来半岛最南端的马来西亚丹绒比艾国家公园，忍着口渴，徘徊寻觅着阴凉。来此地，正是为了观测正午过后将要现身的日环食。此时，异样的空气飘浮，烈日透过树杈，在地面投下月牙般的日影。

日食，是月球运行经过地球和太阳之间，在白天发生的一种天文现象。2012年5月21日出现的日环食，在日本全国各地都能观测到。从地球上看到的太阳运行路线（黄道）与月球运行路线（白道）之间存在5度偏差。因此，在黄道与白道相交点附近，如果月球没有形成新月，那么在新月当天，月球在白天将完全看不见，但其运行轨迹会通过太阳的上方或下方。不过，在相交点附近，每年会出现2～4次新月。此时，"太阳—月球—地球"几乎整齐排成一列，就像串联起来了一样。

　　但是，三个星球不是每次都正好排成一列，因此，日食也并非每年都出现。从地球整体来看，每年出现3～4次可被地球部分地区观测到的日食。有时，一些地区一整年也看不见日食。当满月出现时，三个星球的串联方式则变成了"太阳—地球—月球"，月食的阴晴圆缺伴随着月球进出地球的阴影而生动呈现。

　　虽说三个星球像糖葫芦一样串在一起，但它们的大小却迥然不同。"大哥"太阳的直径是"二弟"地球直径的109倍还多，而"三弟"月球的直径仅为"二弟"地球的四分之一。若比较太阳和月球，太阳竟是月球的400倍左右。三兄弟体格各不一样，太阳与月球差异又如此之大，但从地球角度观测的话，太阳与月球看起来却几乎大小一致，这不是一种奇迹吗？尽管宇宙浩渺无垠，但能享受到这种美妙偶然的生物，想必并不多见。有趣的是，月球的运行轨道不是标准的圆形，而是一个椭圆轨道，因此，虽然地月平均距离为38万千米，但是当日食发生时，如果月球恰巧处于近地位置（距离地球较近），且呈现新月状态，竟能遮挡住直径是其400倍的太阳，向地球献上美妙的日全食景观。而当月球处于远地位置（距离地球较远），且呈现新月状态，则演绎出精彩的日环食景观。

2030年6月1日，日本北海道地区将再次观测到条件较好的日环食。2035年9月2日，日本北关东地区至北陆地区的大片范围内都能观测到日全食。当然，这必须取决于当日天气晴好才行……只能祈祷届时同今日一般天公作美。

若以日本相扑形容，日食与月食就好比引发天地巨变的"横纲"（日本相扑运动员资格的最高级），而肉眼可见的拖着长尾的大彗星，则是大关级别。"大关"（仅次于"横纲"级别）选手中，最具历史代表性的选手哈雷彗星，将于2061年夏季回归太阳（近日点）。2035年、2061年，我们人类在那时究竟在干些什么呢？

此次来到马来西亚，始于我的多年老友，在万隆理工学院执教的Hakim L. Malasan教授于2019年6月发送给我的一通邮件。邮件里提到，为促进东南亚地区天文学发展，愿组织该地区各国高中教师开展教师培训，希请我作为讲师前去授课。自2008年起，作为日本国立天文台普及室的海外支援项目，我通过组合式望远镜套装，开启了名为"你也是伽利略！"的天文教育支援事业。2019年，为庆祝国际天文学联合会（IAU）成立100周年，我开发了新型5厘米口径组合式望远镜套装，并与海部宣男先生（原IAU会长、日本国立天文台名誉教授，于2019年4月去世）一起成功实现众筹。2019年6月起，这套"国立天文台望远镜套装"正好开始投入使用。因此，我应邀参加了此次教师培训，并着手实施"你也是伽利略！"计划。

2019年12月25日至28日，天文教育工作坊在马来西亚理工大学举办，来自泰国、菲律宾、老挝、缅甸、新加坡、印度尼西亚，以及马来西亚当地的高中教师们都得到了一套天文望远镜套装。

观测日环食，是教师培训的课程之一。包括我们组的40名教师在内，来自马来西亚各地的700余人一大早就聚集在了丹绒比艾国家公园。公园仿佛举办庙会一般热闹非凡。此次日环食的最佳观测地点是接近赤道的印度尼西亚苏门答腊岛东部。如果不考虑天气条件，从苏门答腊岛到马来西亚，直至新加坡，都是观测日环食的最佳地点。

不过，日本的"日食猎人"却都不愿来这里。究其原因，这一地区的气象条件不佳，12月的平均云量高达90%。海内外的众多日食猎人，大都前往位于日环食带下的关岛，或气候干燥的阿拉伯联合酋长国开展观测活动。实际上，此访抵达马来西亚后经询当地人，他们也回答道："现在正值雨季，虽然不是那么炎热，但这一时期每年几乎都不放晴。"

幸运的是，昨天还在持续的云雨仿佛开玩笑似的，从今早起几乎不见踪影。相信今天午后定能观赏到完美的日环食。通过网络直播，马来西亚的众多民众也能一同观赏。马来西亚是一个人口超过3000万人的伊斯兰教国家，主要国土面积包括了除新加坡以外的马来半岛南部以及加里曼丹岛北部。但是，由于日环食带仅覆盖了马来半岛最南端，因此，想要观测或欣赏日环食的大多数马来西亚民众，都选择聚集在了丹绒比艾国家公园。

戴好日食眼镜后，抬头仰望几乎就在正上空的太阳，可以发现90%以上的太阳出现了亏缺。

但是，摘除日食眼镜后，白天依然是白天，和平时相比几乎毫无变化。正因为太阳光过于耀眼，除了日全食以外，茫然之中是完全注意不到日食正在发生的。不过，透过太阳前偶尔飘过的薄云，还是可以用肉眼观察到太阳亏缺，呈现异样。随着日环食逐渐接近最大，观测现场产生了一种诡异的气氛。很明显，天色正徐徐变暗，天空中耀眼的蓝色与周围云彩的色泽也仿佛与平常相异，令人备感紧张。就连风的吹向与温度都似乎发生了变化。日环食发生前，天空中不见鸟儿飞翔，而现在，群鸟飞起，骤然掠过天空。可想而知，在不掌握日食相关科学知识又无法预报日食的时代，日食对于当时的人类来说，该是怎样一个令人恐惧得无法入眠的天文现象。不过，真正恐怖的还是日全食。毕竟日全食的发生，意味着真正的暗幕笼罩，天地一片昏暗。

县秀彦

2019年12月26日，于马来西亚丹绒比艾国家公园

马来西亚日环食
（作者摄影）